Deepen Your Mind

Deepen Your Mind

推薦序

CPU 是資訊社會的引擎，我們每個人都享受著 CPU 提供的服務。

這是一本精心編寫的科普書。作者多年來從事 CPU 的專業研發，在書中分享了他們的知識、經驗和見解、翻開目錄，你看到的是一座包羅萬象的 CPU "大觀園" 這裡既有 CPU 的基本概念、常用術語，又有 CPU 的設計原理，還有 CPU 的產業規律。

在這本原創的科普圖書中，作者寫到精微之處，往往有感而發，這無不表明本書不是對史料的一般羅列，而是作者在多年的科學研究實踐中形成的評判和論點，能夠給讀者更多的思想啟示。

自從擔任中國電腦學會科學普及工作委員會主任以來，我觀察到很多高科技企業開始重視科普工作。這些已經站在 IT 技術高峰上的科研工作者，願意在科學普及工作上投入時間給大眾更多有益的精神食糧。

閱讀這本書，不一定是在大學的圖書館裡，同樣可以在出差的飛機、高鐵上，在替孩子講解科學技術的課堂上。

"Know yourself."，這是古希臘德爾菲神廟入口處的一句箴言、提醒人類把認識自己、認識世界作為最高的哲學目標。相信看完本書的讀者也能夠對 CPU 世界多一分認識，看待世界多一個角度。

CPU 與你同行。

王元卓

王元卓博士，中國科學院（中科院）計算技術研究所研究員，博士生導師，中科巨量資料研究院院長，中國電腦學會科學普及工作委員會主任，中國科普作家協會副理事長，2019 年 "中國十大科學傳播人物"，《科幻電影中的科學》系列手繪科普圖書作者。

前言

科技的發展既需要技術類書籍，也需要通識類書籍。通識類書籍使非專業人士能夠一覽技術本質，領略智慧之美。

人才的培養需要有一技之長的專才，更需要具備綜合素質的通才。通識課應成為高等教育的重要內容。有成就之人無一不是廣學博識。通識類書籍能使讀者汲取營養、開闊眼界、提高素養，具備大局觀，提高宏觀的決策能力。

本書說明了電腦在 70 多年的發展歷史中累積下來的 CPU 的基本概念。CPU 包含的工程智慧對各個行業都有啟示作用。

希望讀者學會以 CPU 思維分析問題，以 CPV 視角觀察世界。

靳國杰
於山西長治漳澤湖畔

目錄

CPU 系統篇 163

CONT

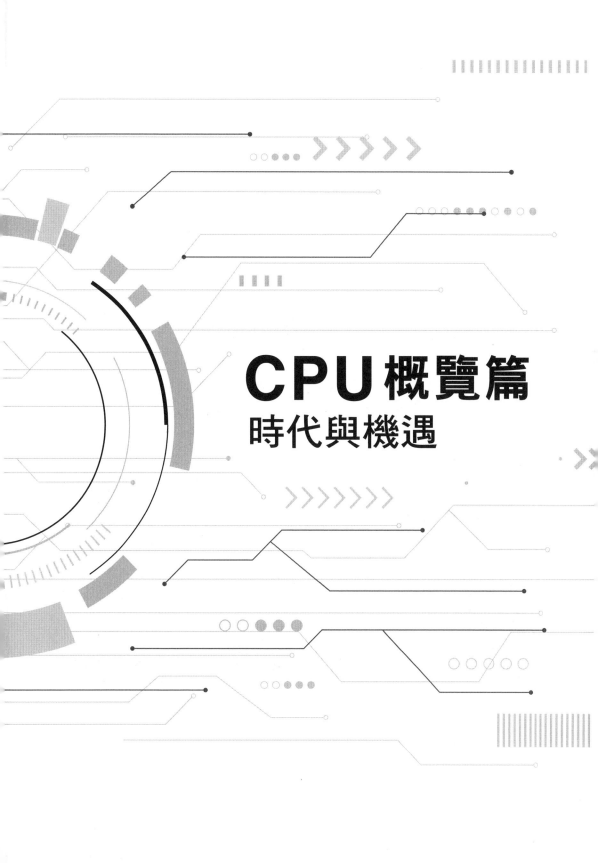

CPU 概覽篇
時代與機遇

第**1**節
CPU 時代

一個有紙、筆、橡皮擦並且堅持嚴格的行為準則的人，實質上就是一台通用圖靈機。

——艾倫·圖靈（1912—1954）

Intel 13 代 13900K（來源：https://www.cool3c.com/article/184359）

資訊社會的基石：CPU

▌CPU = 運算器 + 控制器

電腦是一種可以執行計算功能的自動化裝置。在資訊社會中，無數的電腦每天都在執行大量的資訊處理和計算工作，本來屬於人的工作可由電腦自動完成，大大提高了社會生產力。

1946 年，世界上第一台通用數位電腦 ENIAC 在美國賓夕法尼亞大學被製造出來，標誌著人類社會進入資訊化時代。

按照經典的電腦結構模型，一台電腦由 5 大部分組成：運算器、控制器、記憶體、輸入裝置、輸出裝置。電腦科學先驅馮‧紐曼（又譯作馮‧諾伊曼）在 1945 年寫成論文 First Draft of a Report on the EDVAC，以 101 頁的篇幅描述了電腦的結構模型，奠定了現代電腦的結構基礎，如圖 1.1 所示。

2.0 MAIN SUBDIVISIONS OF THE SYSTEM

```
2.1   Need for subdivisions ...................................................  1
2.2   First: Central arithmetic part: CA .......................................  1
2.3   Second: Central control part: CC ........................................  2
2.4   Third: Various forms of memory required: (a)–(h) .........................  2
2.5   Third: (Cont.) Memory: M ................................................  3
2.6   CC, CA (together: C), M are together the associative part. Afferent and efferent parts:
      Input and output, mediating the contact with the outside. Outside recording medium: R   3
2.7   Fourth: Input: I .........................................................  3
2.8   Fifth: Output: O .........................................................  3
2.9   Comparison of M and R, considering (a)–(h) in 2.4 .......................  3
```

▲ 圖 1.1 馮‧紐曼 1945 年寫的論文的目錄，確立了電腦的 5 大組成部分

馮‧紐曼系統結構是現代電腦共同的模型（見圖 1.2），現在已經成為每個電腦專業學生在大學必學的知識。無論是高性能的大型科學電腦，還是我們身邊的桌上型電腦、手機，都遵從馮‧紐曼系統結構。

19

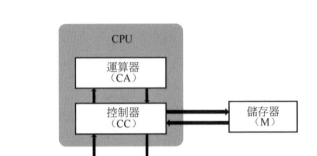

▲ 圖 1.2 馮·紐曼系統結構

抽象地講，電腦的主要工作原理如下。

（1）5個部分之間由通訊線路進行連接。

（2）要運行的任務（程式）儲存在記憶體（M）中。程式以連續排列的指令為
　　　單位組成，每行指令包含了一項計算操作。

（3）電腦啟動後，控制器（CC）從記憶體中依次讀提取指令，將指令包含的
　　　資訊傳送到運算器（CA）中，由運算器解析指令的功能、執行數值運算。

（4）指令執行時，有可能需要從外界讀取要加工的資料；控制器向輸入裝置
　　　（I）發出訊息，由輸入裝置把資料傳送到電腦的內部。

（5）指令執行結束後，控制器可以把運算器的計算結果存入記憶體；控制器也
　　　可以向輸出裝置（O）發出訊息，由輸出裝置把計算結果傳送到電腦的外
　　　部。

（6）控制器再從記憶體中讀取下一行指令並送入運算器。

（7）上述 "提取指令—執行指令—儲存結果" 的過程多次重複執行，直到程式
　　　的最後一行指令執行完成。

這樣整個程式就運行結束了，電腦的使用者獲得了期望的計算結果。

在實際的電腦中，運算器、控制器兩部分經常被一起設計，二者合稱為中央處理器（Central Processing Unit，CPU）。CPU 的主要任務就是由控制器指揮電腦中的其他元件一起協作工作，並且由運算器執行數值計算。

CPU 是電腦中最重要的晶片。CPU 時時刻刻都在驅動著資訊化社會的運轉，就像汽車中的引擎一樣，是全世界不可缺少的基石。

電腦之心：CPU 在電腦中的地位

CPU 在電腦中的地位，就像大腦在人體中的地位

CPU 經常被稱作 "電腦之心"，是當之無愧的電腦中樞。

CPU 指揮電腦中的其他元件工作。CPU 是程式的呼叫者和運行者，程式的每一行指令都要經過 CPU 的解析和執行。外界向電腦輸入資料，需要 CPU 進行接收；程式運行結束後，需要 CPU 發出指示才能把計算結果輸出給外界。

CPU 是電腦中最複雜的晶片。CPU 採用的是超大型積體電路，現代的晶片製造技術可以在一根髮絲的寬度上排列 1000 根電路連線。桌上型電腦中的晶片就能包含 50 億個電晶體，而人腦中的神經元數量也就在 800 億個左右。一台電腦中，CPU 是複雜度最高、工作最繁忙的元件。主流 CPU 中的電晶體數量見表 1.1。

▼ 表 1.1 主流 CPU 中的電晶體數量

CPU	製造製程	核心數	電晶體數量（個）
Apple M1	5nm	8	160 億
Intel Haswell GT2 4C	22nm	4	14 億
AMD Vishera 8C	32nm	8	12 億
Intel Sandy Bridge 4C	32nm	4	9.95 億
Intel Lynnfield 4C	45nm	4	7.74 億

CPU 承載了電腦中最本質的技術原理。CPU 的架構從根本上定義了一台電腦的核心功能，CPU 原理涵蓋了整個電腦大部分的運行過程。一本電腦原理書會用最大篇幅説明 CPU 的原理。因此對電腦原理的學習者來説，從 CPU 入手是最直接的途徑，也是必經之路。

從大到小：CPU 外觀的變化

▌ 從 70 多年前的早期電腦到現在的手機，CPU 的基本原理不變

電子電腦的發展已經有 70 多年的歷史，製造製程歷經真空管、電晶體、積體電路（Integrated Circuit，IC）等多個階段，體積不斷變小，計算速度不斷提升。

在電腦發明的最初年代，電腦的特點就是 "體積大"。看老照片就可以發現，一台電腦要佔用多個房間，一個 CPU 要佔據幾個機櫃的空間。

到 20 世紀 70 年代，得益於積體電路技術，個人電腦的 CPU 能做成幾公分見方的晶片。

而在如今的行動計算年代，手機、平板電腦的 CPU 只是晶片裡面整合的一個幾毫米見方的電路模組，只有把晶片打開才能看到裡面的 CPU。

三代 CPU 的外觀如圖 1.3 所示。

CPU（中間的黑色模組）

▲ 圖 1.3 三代 CPU 的外觀：機櫃、獨立晶片、晶片內的電路模組

但是，從最初的"大電腦"到現在的手機，其原理和架構是一脈相傳的。現在的電腦、智慧裝置中都要有一個 CPU，雖然它們的運算能力已經遠遠超過 ENIAC，但是仍然處處表現出它們是電腦前輩的"縮影"。

國之重器：CPU 為什麼成為資訊技術的焦點？

▌CPU 影響國家經濟發展和資訊安全

有沒有想過，小小的 CPU 為什麼會成為國之重器？

在全世界，高端 CPU 的設計技術被少數先進國家的企業掌握，CPU 不可避免地成為國家之間博弈的籌碼。如果一個國家沒有自己的 CPU 企業，在資訊系統中只能大量採用國外 CPU 產品，那麼無論是桌上型電腦、伺服器，還是工業控制等領域廣泛使用的高性能 CPU，都無法擺脫被國外產品長期壟斷的命運。

從經濟角度看，每年從國外進口的 CPU 數量巨大，資訊產業的高額利潤大部分被國外廠商賺取；從智慧財產權角度看，進口 CPU 的智慧財產權被國外把持，高端技術難以引進；從資訊安全角度看，國外產品往往不提供設計資料和原始程式碼，使用過程中經常出現後門和漏洞，國家的重要資訊資料有被竊取和洩露的巨大風險。CPU 在電腦、通訊裝置、工業控制裝置中使用廣泛，CPU 的缺少會導致企業的產品生產和經營活動受到嚴重影響。

CPU 就像引擎、航空航太技術一樣，是人類創造出來的尖端技術。對於強烈依賴資訊技術來驅動技術轉型、實現產業升級的國家，掌握 CPU 技術成為影響一國經濟發展和資訊安全的焦點。

CPU 分成哪些種類？

▌世界上第一款商用電腦微處理器是 1971 年發佈的 Intel 4004

CPU 家族龐大，種類繁多，可以按不同的方式進行分類，如圖 1.4 所示。

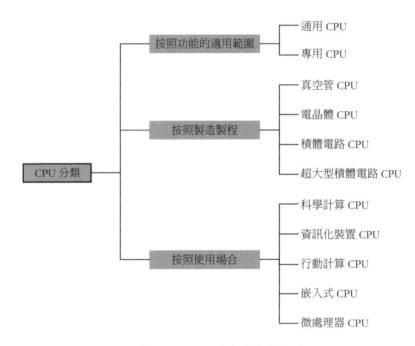

▲ 圖 1.4 CPU 的多種分類方式

按照功能的適用範圍，可以將 CPU 分成通用 CPU 和專用 CPU。

- 通用 CPU 可以用在不同的場合，不局限於某一種應用，在設計上往往採用共通性的結構，運行常用的作業系統、應用軟體。常見的桌上型電腦、伺服器、筆記型電腦、手機中的 CPU 都屬於通用 CPU。

- 專用 CPU 針對某一應用領域專門設計，往往採用特殊結構來最大化發揮其在該領域的優勢，也可以犧牲掉不必要的功能。專用 CPU 運行的作業系統也往往是根據需求訂製的。例如在汽車上，針對整車狀態監測而專門設計一個 CPU，只用於監測特定的物理量，軟體固化燒錄在 CPU 內部的儲存模組中。

在可穿戴裝置中，針對節省電能的要求設計的結構簡單、低主頻、低功耗的 CPU。在智慧門鎖中，為了支援按鍵、刷卡、藍牙等多種開鎖方式而專門設計的低功耗 CPU。

按照製造製程，可以將 CPU 分成真空管 CPU、電晶體 CPU、積體電路 CPU，以及超大型積體電路 CPU。

- 真空管 CPU 是第一代，使用時間從 1945 年到 20 世紀 50 年代末。

- 電晶體 CPU 是第二代，主要活躍於 20 世紀 50 年代末到 20 世紀 60 年代。1954 年，美國貝爾實驗室研製出世界上第一台全電晶體電腦 TRADIC，裝有 800 個電晶體。

- 積體電路 CPU 是第三代，始祖是 1971 年發佈的 Intel 4004，這也是世界上第一款商用電腦微處理器，在一塊晶片上整合 2250 個電晶體。

- 超大型積體電路 CPU 是第四代，一般是指所包含的電晶體數量龐大（例如超過 100 萬個）的晶片。

按照使用場合，可以將 CPU 分成科學計算 CPU、資訊化裝置 CPU、行動計算 CPU、嵌入式 CPU、微處理器 CPU。按這一順序，CPU 的性能逐漸降低，而使用數量呈指數級增長。

- 科學計算 CPU 的特點是數值運算能力強，計算單元多，適合於大量 CPU（幾千個及以上）互相連接組成計算叢集。科學計算 CPU 主要用於高性能的超級電腦。

- 資訊化裝置 CPU 通常指桌上型電腦、伺服器、筆記型電腦中的 CPU，特點是運算能力受應用需求的發展牽引，兼顧計算性能、成本、功耗的均衡設計。

- 行動計算 CPU 通常指手機、平板電腦中的 CPU，特點是注重控制功耗、面積，傾向於採用世界最先進的製造製程，經常和行動通訊模組共同組合成一個電路晶片。

- 嵌入式 CPU 一般性能較低，功耗也對應較低，成本低，附帶控制領域導向的豐富介面，大量用在工業控制和電子裝置上。

- 微處理器 CPU 則比嵌入式 CPU 更為低端，雖然體積小，但是用量巨大。現在只要是帶有智慧控制功能的電子裝置都會包含微處理器，甚至我們每個人身上都可能攜帶了好幾個微處理器。未來一旦真的實現"萬物互聯"，微處理器將無處不在。

微觀巨系統：為什麼說 CPU 是世界難題？

在一根髮絲的寬度上排列幾千根電路連線

CPU 是一個典型的微觀巨系統，可以算是人類製造出來的最精密、最複雜的工程產品。

1．電路設計複雜

CPU 是所有積體電路中最複雜的。CPU 核心原始程式碼至少上百萬行，模組之間存在複雜的網狀呼叫關係，複雜度隨著程式行數的增加呈指數級增長。高端 CPU 整合了一個電路設計企業多年的經驗。一個缺乏 CPU 設計技術知識的人員，即使拿到一個 CPU 的原始程式碼，也幾乎不可能在短時間內讀懂、消化和掌握。

CPU 整合了高性能計算的理論研究成果。隨著電腦結構的發展，CPU 也不斷加入新的學術成果，例如管線、動態排程、多派發、猜測執行等高級機制。幾十年來大量電腦科學家不遺餘力地挖掘性能"油水"，每一輪發展都會使 CPU 的複雜性提升一截。

2．生產製程複雜

CPU 的生產製造更需要世界級的高端裝備。半導體電路進入奈米時代，這表示電晶體本身的最小尺寸、兩個電晶體之間的最小距離都已經進入奈米等級的微觀尺度。例如手機 CPU 已經採用 7nm 製程來生產，相比之下，矽原子的直徑

約 10^{-10}m，這樣算來，1nm 與 10 個矽原子連接起來的長度相近，晶片中兩個電晶體之間的最小距離也就是不到 100 個矽原子！全球能夠製造這樣精密晶片的企業不超過 5 家。

3．工程細節複雜

CPU 產品還要考慮大量工程細節，例如結構參數、材料、製造、可靠性，這些知識的廣度和深度都超過了科學原理。因此在 CPU 團隊中不僅需要多方面的複合型人才，更需要這些人才在實踐中長期磨合。

CPU 的開發過程不能全靠自動化的設計工具，反而強烈依賴於人工設計。開發簡單晶片只需要使用電子設計自動化（Electronic Design Automation，EDA）工具，再加上一種類似於 C 語言的電路描述語言就能快速實現晶片設計需求。而為了增強性能、降低功耗，CPU 的核心模組經常需要手工訂製電路，可以視為在奈米級尺度的電路板上對電晶體進行"排兵佈陣"。因此，電路訂製能力是 CPU 廠商實力的核心標識。

4．軟體生態複雜

CPU 需要建設配套的軟體生態，其複雜性遠遠超過 CPU 本身。CPU 作為電腦中的元件，本身是無法獨立工作的，必須要有相配合的作業系統、編譯器、開發環境、應用軟體才能發揮其使用價值。這些軟體也都是超過千萬行程式的大型系統，需要 IT 產業中很多廠商的協作。

矽谷的企業之所以保持領先地位，除了技術先進之外，更重要的是形成了產業合作的集聚力量、遵循了建設生態的成功模式（見圖 1.5），從而能實現生態的壟斷。20 世紀 90 年代 Windows-Intel 的組合能夠稱霸個人電腦（Personal Computer，PC）業界，得益於其在生態方面的成功遠遠超過技術本身。

整體來說，做出 CPU 是容易的，難的是做出高端 CPU。很多廠商做中低端 CPU，例如嵌入式 CPU、微處理器 CPU，這些是比較容易開發出來的。很多學校電腦專業都講解 CPU 原理，稍有能力的大學生都可以做出能夠工作的 CPU 原型。開放原始碼社區上能找到很多低端 CPU 的設計資料，甚至還有很多"自製 CPU 教學"的圖書。

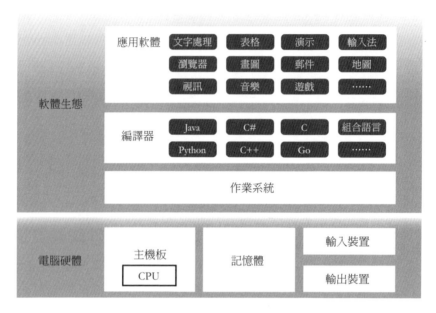

▲ 圖 1.5 軟體生態和電腦硬體

但是高端 CPU 仍然屬於 IT 行業的明珠，在桌上型電腦、伺服器、科學計算中使用的 CPU，放眼全球也只有不到 10 個技術先進的國家能做出來。

第**2**節
CPU 性能論

如果汽車的進步週期能同步電腦的發展週期的話，今天一輛勞斯萊斯僅值 100 美金，每加侖可跑 100 萬英哩。

——**Robert X. Cringely**，技術作家

[註：1 加侖（gal）≈ 4.5L，1 英哩（mile）≈ 1.6km]

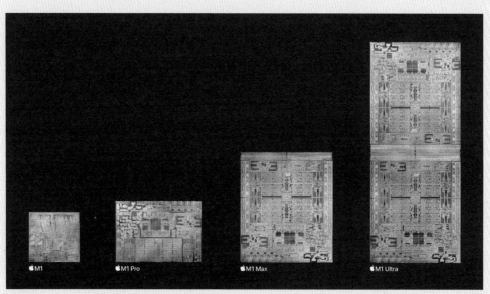

Apple Silicon 成長圖（來源：Apple）

CPU 怎樣運行軟體？

▍電腦 = 程式 + 儲存

電腦系統由硬體和軟體組成。硬體是指物理實體，包括電子裝置和機械裝置。軟體是指在硬體上面儲存和處理的資訊，本身沒有物理實體。

生活中還能找到很多類似的硬體和軟體。電視機本身是硬體，而電視機播放的節目是軟體。隨身碟是硬體，而隨身碟上儲存的文件、音樂、電影、遊戲是軟體。

CPU 顯然屬於硬體，而 CPU 上運行的程式屬於軟體。硬體和軟體是怎樣配合工作的呢？下面以一個最簡單的電腦的例子來展示，如圖 1.6 所示，這個電腦的功能為 "中文字生成器"，代號為 CHN-1 型。

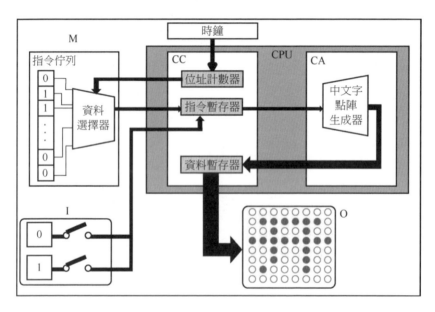

▲ 圖 1.6　CHN-1 型電腦

記憶體（M）儲存了連續的二進位編碼序列，每一個單元會儲存 0 或 1，分別代表要在顯示螢幕上輸出的中文字是 "關" 或 "開"。這樣的二進位單元代表了電腦要執行的一項獨立的操作，稱為 "指令"。多個指令組成一串連續執行的操作，稱為 "指令佇列"，也稱為 "程式"。

控制器（CC）在一個時鐘模組的驅動下工作。時鐘模組以一定頻率向控制器發出訊號，這個頻率稱為電腦的 "主頻"。每次這個訊號到來時，控制器內部的位址計數器會增加 1。位址計數器的內容發送給記憶體中的資料選擇器，資料選擇器會把指令佇列中對應該位址的單元內容發送給控制器，並儲存在控制器內部的儲存單元中。控制器內部的儲存單元稱為 "暫存器"。由於從記憶體中取出的資料代表指令，因此這個單元稱為 "指令暫存器"。

運算器（CA）在這台電腦中是一個中文字點陣生成器。控制器把指令暫存器中的內容發送給運算器，運算器根據輸入的指令是 0 還是 1，輸出對應中文字 "關" 或 "開" 的點陣。每個中文字用 8×8 的點陣來表示，每個點叫作 "像素"。運算器的輸出是 64 位元二進位資料，儲存在控制器的另外一個儲存單元中。由於運算器的輸出屬於計算結果的資料，因此這個單元稱為 "資料暫存器"。

輸入裝置（I）包含兩個開關。其中一個開關連接著一個固定輸出 "0" 的模組，使用者按下開關後，會把一個常數 0 輸出到控制器的指令暫存器中，覆蓋記憶體中讀出的指令。另外一個開關用於固定輸出 "1"。這樣的輸入裝置給使用者提供了干預程式運行的手段，作用類似於實際電腦的鍵盤、滑鼠。

輸出裝置（O）是一個 8 像素 ×8 像素的中文字顯示器，從控制器的資料暫存器中獲取 64 位元中文字點陣，根據每一位元的 0、1 值決定每一個像素的亮、滅，表現為中文字的 "關" 或 "開"。

上述 5 個元件聯合工作，使得整個電腦按照時鐘頻率切換顯示器的中文字內容。

CPU 由控制器、運算器兩部分組成，所運行的軟體就是記憶體中的指令佇列，軟體的執行結果表現為電腦顯示的中文字資訊。如果想要改變電腦顯示的中文字資訊，只需要修改記憶體中的指令佇列，而不用修改電腦的硬體，電腦運行模型如圖 1.7 所示。

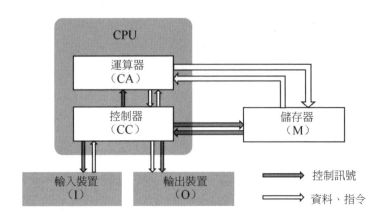

▲ 圖 1.7 電腦運行模型

雖然這個電腦運行模型極為簡單，但是它已經表現出電路硬體怎樣儲存和執行軟體。歸根究柢，軟體無非是 0 和 1 組成的序列，而硬體是能夠 "理解" 0 和 1 的數位電路，硬體能夠對 0 和 1 進行儲存、傳送、加工，因此軟體世界和硬體世界能夠銜接起來。

雖然電腦內部使用 0 和 1 的二進位，但是在輸出到電腦外部時可以轉換成方便人類理解的自然表示法，例如以中文字顯示，這樣又把電腦世界和人類世界銜接起來了。

這個模型還表現出了馮‧紐曼系統結構的基本思想：電腦 = 程式 + 儲存。程式輸入電腦中，電腦能夠自己指揮自己工作，不再像之前的機器一樣需要人為操作。電腦的出現大幅提升了自動化水準，這是劃時代的革命。

主頻越高，性能就越高嗎？

▎有很多種方法造出 "主頻低、性能高" 的電腦

為了正確認識電腦的性能，首先要定義性能的實質含義。性能可以用 "電腦在單位時間內完成多少計算量" 來衡量。

主頻是 CPU 工作的時鐘頻率，是電腦的重要參數。對一台電腦來說，主頻越高，顯然電腦在單位時間內能完成的工作就越多。仍然以前文所述的精簡電腦模型 CHN-1 為例，透過提高時鐘模組的頻率，可以提升 CPU 的主頻，這表示中文字切換速度更快。宏觀上看，在一段時間內有更多的中文字得到顯示。

但是，任何電腦中的主頻都不是無限提升的。在電晶體電子電腦中，資料從一個模組傳輸到下一個模組是需要時間的，運算器中進行的資料加工處理也是需要時間的，電腦運行流程如圖 1.8 所示。所有資料通路上的傳輸時間，再加上運算器的加工處理時間，決定了執行每一行指令的最短時間，也決定了電腦正常執行的最高主頻。如果時鐘頻率過高，會導致一行指令還沒執行完，下一行指令又在等待處理，電腦會進入不可控狀態。

▲ 圖 1.8 電腦運行流程

採用更先進的半導體生產製程，可以提高晶片內電晶體的密度，減少資料傳輸的最小延遲，這是突破最高主頻瓶頸的一種方式。

但是主頻並不是性能的唯一決定因素。我們同樣可以造出一台"主頻低、性能高"的電腦 CHN-2。工程師可以在以下方面改進設計。

（1）輸出裝置擴充，能夠同時顯示 4 個 8 像素 ×8 像素的中文字。

（2）記憶體中的指令佇列擴充，每行指令由 1 位元改成 4 位元，每行指令儲存的是 4 個"開"或"關"命令。

（3）控制器中的指令暫存器也擴充到 4 位元，每次能夠從記憶體中讀取 4 行指令。

（4）運算器中的中文字點陣生成器擴充為 4 個，能夠同時轉換 4 個中文字的點陣。

（5）控制器中的資料暫存器由 64 位元改為 256 位元，把 4 個中文字點陣輸出
　　到顯示器。

改進後的 CHN-2 電腦有什麼優點呢？ CHN-1 每次顯示一個中文字，是 "串列"
電腦；而 CHN-2 能每次處理 4 個中文字，是 "平行" 電腦，如圖 1.9 所示。
CHN-2 的主頻可以低於 CHN-1，例如只有 CHN-1 主頻的 1/4，但是在相同時間
內 CHN-2 顯示的中文字數量與 CHN-1 是相同的，所以 CHN-2 與 CHN-1 的性
能也是相同的，這樣就推翻了 "主頻高的電腦性能一定高" 的論斷。

上面展示的 CHN-2 的例子，是透過增加硬體平行度來提升計算性能的典型
方法。

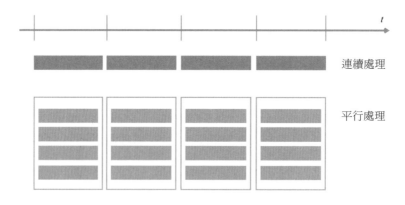

▲ 圖 1.9 連續處理和平行處理

需要注意的是，CHN-2 性能的提升，是建立在增加成本的基礎上的。CHN-2
每一行指令包含的中文字數量是 CHN-1 的 4 倍，這表示 CHN-2 指令包含的內
容資訊更豐富了，用專業術語說就是 "單行指令的語義更強"。CHN-2 必須
提高各個組成部分的硬體處理能力，包括提高佇列容量、增加資料通路寬度、
增加加工單元個數，這些都將增加設計難度，也使各個部分的電晶體數量成倍
增長。

為什麼 MIPS 和 MFLOPS 不能代表性能？

▌ 單位時間內執行的指令數量不能表現性能

早期的電腦主要用於科學計算，衡量性能的指標有 "每秒執行的百萬級機器語言的指令數量" （Million Instructions Per Second，MIPS ），以及 "每秒執行的百萬級機器語言的浮點指令數量" （Million Floating-point Operations per Second，MFLOPS)。從定義來看，這兩個指標只關注單位時間內執行的指令數量，比較適用於高性能電腦這種計算模式單一的場景。

但是 MIPS 和 MFLOPS 的定義有固有的缺陷。不同的電腦中，每一行指令所代表的功能含義是不同的，例如 CHN-2 的一行指令所顯示的中文字資訊是 CHN-1 的 4 倍。所以單純用指令數量是無法表現電腦的性能的。

現在 MIPS 和 MFLOPS 只在很狹窄的高性能電腦領域得以沿用。

問題導向的性能評價標準：SPEC CPU

▌ 性能的真正含義是在更短的時間內解決問題

現在業界更多地採用 "問題導向" （Problem-oriented ）的性能評價標準。它的基本概念是從實際生活中挑選一些有代表性的計算問題，再在電腦上使用軟體解決這些問題。軟體運行的時間越短，則電腦的性能越高。

問題導向的性能評價標準遮罩了電腦本身的硬體參數，不再考慮主頻、指令這種實現層面的因素，所得出的結果更符合性能的本質意義——電腦在單位時間內完成多少計算量，因此得到廣泛接受。

國際上使用的計算性能測試工具有 SPEC CPU，其網站如圖 1.10 所示。這個工具從典型的實際應用中取出幾十個計算問題，涉及的領域有檔案壓縮、西洋棋求解、有限元模型、分子動力學、大氣學、地震波模擬，等等。對每一個問題，使用高級程式語言撰寫了標準的計算軟體，並且規定好輸入資料。使用高級程式語言的好處是，軟體程式用 C 語言、Fortran 等和 CPU 無關的語言撰寫，能夠在任何電腦上運行。

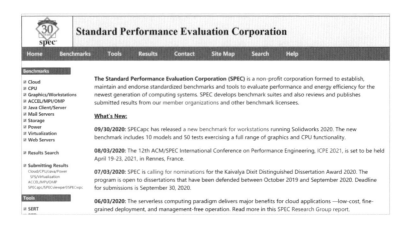

▲ 圖 1.10 SPEC CPU 網站

在被測試的電腦上，使用編譯器對 SPEC CPU 軟體進行編譯，並且運行一次，如果電腦得出了正確結果，那麼執行時間越短則代表電腦的性能越高。國際知名的 CPU 企業都會把測試結果提交到 SPEC CPU 網站上（spec.org），供外界公開查詢。

隨著電腦的發展，SPEC CPU 工具也持續升級，先後在 2000 年、2006 年、2017 年推出新版本。舉例來說，早期版本的資料量非常小，在當前的電腦上很快運行就結束了，因此新版本增大了測試集的輸入資料量；早期版本只測試一個 CPU，而現在的電腦都包含多個 CPU，因此後來又支援了多個 CPU 同時測試；早期版本主要表現 CPU 計算性能，但是現在的電腦有很多是用在伺服器、雲端運算領域，更關注資料傳輸性能，因此新版本也增加了 CPU 與記憶體、週邊設備（簡稱外接裝置）交換資料的測試因素。

除了 SPEC CPU 之外，業界還推出了很多其他的測試工具。舉例來說，專門用於存取記憶體性能的測試工具 STREAM，用來測試 CPU 對記憶體的存取速度。這個工具執行時期會對記憶體發起大量資料請求，如果資料在更短時間內傳輸完成，則代表存取記憶體性能更高。其他的測試工具還有針對嵌入式應用的 EEMBC，該軟體非常簡單，資料量很小，很適合在低性能的 CPU 上測試。

性能測試工具的局限性

"完美的測試集" 不存在

性能測試工具的名稱雖然叫作 SPEC CPU，但是本質上測試的是硬體和軟體的聯合性能。SPEC CPU 本身是用高階語言撰寫的，需要經過編譯器、作業系統的支援才能運行。現代電腦系統是硬體和軟體聯合工作，軟體也是決定性能的重要因素。

性能測試工具的局限性具體如下。

第一個局限性是編譯器對 SPEC CPU 分值的影響。在同樣的 CPU 上，最佳化編譯器是可以提升軟體執行效率的。編譯器是把高階語言原始程式碼轉換成 CPU 所能執行的二進位指令的軟體。優秀的編譯器能夠使用更多的最佳化演算法，生成更高效的二進位指令。例如 Intel 公司自己開發了編譯器 icc，效率能比開放原始碼的編譯器 gcc 高 50% 以上。Intel 公司提交到 SPEC CPU 網站上的資料都是使用 icc 編譯的，SPEC CPU 測試報告如圖 1.11 所示。

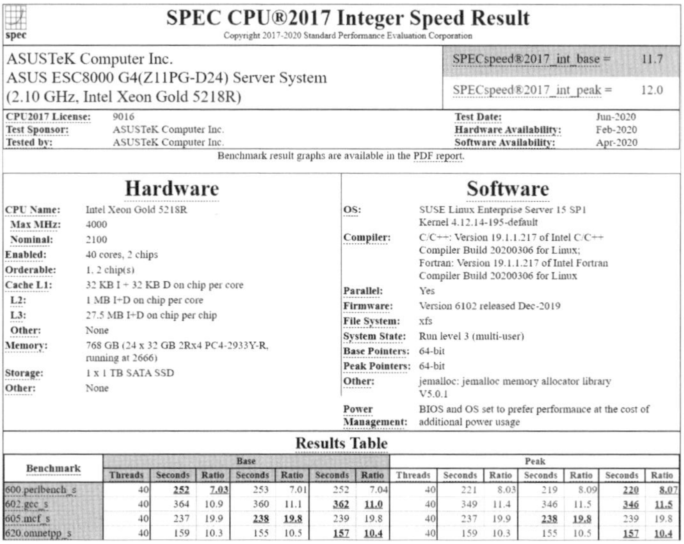
SPEC CPU®2017 Integer Speed Result

Copyright 2017-2020 Standard Performance Evaluation Corporation

ASUSTeK Computer Inc.
ASUS ESC8000 G4(Z11PG-D24) Server System
(2.10 GHz, Intel Xeon Gold 5218R)

SPECspeed®2017_int_base = 11.7
SPECspeed®2017_int_peak = 12.0

CPU2017 License: 9016
Test Sponsor: ASUSTeK Computer Inc.
Tested by: ASUSTeK Computer Inc.
Test Date: Jun-2020
Hardware Availability: Feb-2020
Software Availability: Apr-2020

Benchmark result graphs are available in the PDF report.

Hardware

CPU Name: Intel Xeon Gold 5218R
Max MHz: 4000
Nominal: 2100
Enabled: 40 cores, 2 chips
Orderable: 1, 2 chip(s)
Cache L1: 32 KB I + 32 KB D on chip per core
L2: 1 MB I+D on chip per core
L3: 27.5 MB I+D on chip per chip
Other: None
Memory: 768 GB (24 x 32 GB 2Rx4 PC4-2933Y-R, running at 2666)
Storage: 1 x 1 TB SATA SSD
Other: None

Software

OS: SUSE Linux Enterprise Server 15 SP1
Kernel 4.12.14-195-default
Compiler: C/C++: Version 19.1.1.217 of Intel C/C++ Compiler Build 20200306 for Linux;
Fortran: Version 19.1.1.217 of Intel Fortran Compiler Build 20200306 for Linux
Parallel: Yes
Firmware: Version 6102 released Dec-2019
File System: xfs
System State: Run level 3 (multi-user)
Base Pointers: 64-bit
Peak Pointers: 64-bit
Other: jemalloc: jemalloc memory allocator library V5.0.1
Power Management: BIOS and OS set to prefer performance at the cost of additional power usage

Results Table

Benchmark	Base							Peak						
	Threads	Seconds	Ratio	Seconds	Ratio	Seconds	Ratio	Threads	Seconds	Ratio	Seconds	Ratio	Seconds	Ratio
600.perlbench_s	40	**252**	**7.03**	253	7.01	252	7.04	40	221	8.03	219	8.09	**220**	**8.07**
602.gcc_s	40	364	10.9	360	11.1	**362**	**11.0**	40	349	11.4	346	11.5	**346**	**11.5**
605.mcf_s	40	237	19.9	**238**	**19.8**	239	19.8	40	237	19.9	**238**	**19.8**	239	19.8
620.omnetpp_s	40	159	10.3	155	10.5	**157**	**10.4**	40	159	10.3	155	10.5	**157**	**10.4**

▲ 圖 1.11 一份 SPEC CPU 測試報告，Compiler 部分採用 Intel 公司的 C/C++ 編譯器

但是這裡有一個矛盾，實際應用中使用更多的是 gcc 而非 icc，用 icc 編譯應用程式的電腦 SPEC CPU 分值雖然高，但並不代表用 gcc 編譯的應用軟體性能就高。所以有人戲稱 icc 只是為了提高跑分的目的而做的編譯器，其結果反映的不是 CPU 性能而是編譯器性能。

第二個局限性是測試工具所選的問題不代表所有應用場景的問題，SPEC CPU 分值高並不代表 CPU 運行所有的應用程式都能有好的效果。SPEC CPU 畢竟只包含幾十個問題，而且主要是針對計算型應用。為了使 SPEC CPU 跑分高，完全可以在設計 CPU 時只注重提高計算性能，例如在 CPU 中多放置幾個浮點計算單元，或在一個晶片中放置更多的 CPU 核心，同時運行，靠量取勝。

但是這樣的 CPU 用在日常生活中是不合適的，像桌上型電腦和手機並不處理這麼多數值計算應用。就像有的手機運行跑分軟體分值非常高，但是運行日常使用的拍照、聊天等應用反而 lag。

"完美的測試集"只能存在於想像中，使用者在使用 SPEC CPU 時需要清楚地知曉這些局限性，以免被資料誤導。

雖然 SPEC CPU 有諸多不足，但是它目前仍然是衡量電腦性能的最權威工具。無論是修改編譯器，還是為了跑分高而在 CPU 中加入專門的設計，都有"騙測試集"之嫌，但是想把 SPEC CPU 分值提高到一流水準仍然是需要硬實力的。

不推薦的測試集：UnixBench

█ 使用開放原始碼軟體時一定要查清它的明顯缺陷，避免被其誤導

UnixBench 是一款測試 UNIX 作業系統基本性能的開放原始碼工具。UnixBench 也適合所有相容 UNIX 的作業系統的性能測試，例如 Linux、FreeBSD 等。

UnixBench 的主要測試項目有作業系統向應用程式提供的程式設計介面（系統呼叫）、程式建立、程式之間的通訊、檔案讀寫、圖形測試（2D 和 3D）、數學運算、C 語言函數程式庫等。

如果使用者上網尋找作業系統性能測試工具，幾乎都會搜尋到 UnixBench。但是，UnixBench 不適合作為性能測試標準，因為這個工具有很大的缺陷。

UnixBench 不能表現電腦的實際性能。UnixBench 於 1995 年推出，更新緩慢，2012 年之後專案基本停滯。作為電腦 UNIX 作業系統早期的測試程式，UnixBench 測試項目較為老舊，對於當前電腦性能測試的參考意義有限，不適合作為評判指標。

這裡僅列舉兩個 UnixBench 中問題最大的子項目。

- 在測試數學運算性能時使用 Dhrystone 和 Whetstone 程式。這兩種測試不能代表現代高性能 CPU 的定點和浮點性能，因為程式執行模式過於簡單，與實際應用的複雜程度差距大；測試集太小，對於記憶體的壓力幾乎沒有，而實際應用與 CPU、記憶體的性能都有綜合的關係。基於這個原因，業界已經不再使用 Dhrystone 和 Whetstone 程式，而是轉向更專業的 SPEC CPU 工具。

- 在測試圖形性能時使用 x11perf 程式。這種測試使用的是一種老舊的 UNIX 影像顯示機制（x11），而現在的電腦都使用顯示卡硬體加速機制顯示影像，大多數情況下不使用 x11 的顯示機制，所以 x11perf 分值和電腦的實際影像性能沒有直接關係。

UnixBench 測試資料如圖 1.12 所示。正如上面所分析的，UnixBench 分值不能代表 CPU、作業系統的性能。使用 UnixBench 測試出來的分值會有很大的誤導性，真正有意義的測試工具還是 SPEC CPU 和 STREAM。

```
-------------------------------------------------------------------
Benchmark Run: 二 7月 02 2019 21:28:46 - 21:57:30
1 CPU in system; running 1 parallel copy of tests

Dhrystone 2 using register variables    33300228.5 lps   (10.0 s, 7 samples)
Double-Precision Whetstone                   3718.8 MWIPS (13.6 s, 7 samples)
Execl Throughput                             4178.3 lps   (29.9 s, 2 samples)
File Copy 1024 bufsize 2000 maxblocks      985934.4 KBps  (30.0 s, 2 samples)
File Copy 256 bufsize 500 maxblocks        273597.5 KBps  (30.0 s, 2 samples)
File Copy 4096 bufsize 8000 maxblocks     2162373.6 KBps  (30.0 s, 2 samples)
Pipe Throughput                           1636550.2 lps   (10.0 s, 7 samples)
Pipe-based Context Switching               329878.6 lps   (10.0 s, 7 samples)
Process Creation                            13425.2 lps   (30.0 s, 2 samples)
Shell Scripts (1 concurrent)                 5499.7 lpm   (60.0 s, 2 samples)
Shell Scripts (8 concurrent)                  725.3 lpm   (60.1 s, 2 samples)
System Call Overhead                      2832180.9 lps   (10.0 s, 7 samples)

System Benchmarks Index Values            BASELINE      RESULT      INDEX
Dhrystone 2 using register variables      116700.0   33300228.5   2853.5
Double-Precision Whetstone                    55.0       3718.8    676.1
Execl Throughput                              43.0       4178.3    971.7
File Copy 1024 bufsize 2000 maxblocks       3960.0     985934.4   2489.7
File Copy 256 bufsize 500 maxblocks         1655.0     273597.5   1653.2
File Copy 4096 bufsize 8000 maxblocks       5800.0    2162373.6   3728.2
Pipe Throughput                            12440.0    1636550.2   1315.6
Pipe-based Context Switching                4000.0     329878.6    824.7
Process Creation                             126.0      13425.2   1065.5
Shell Scripts (1 concurrent)                  42.4       5499.7   1297.1
Shell Scripts (8 concurrent)                   6.0        725.3   1208.8
System Call Overhead                       15000.0    2832180.9   1888.1
                                                                 ========
System Benchmarks Index Score                                      1465.9

[root@localhost UnixBench]#
```

▲ 圖 1.12 某系統 UnixBench 測試資料 (來源：https://wker.com/unixbench/)

第3節
人人可學 CPU

科學無難事。

——馮・紐曼（1903—1957）

開放源始碼 CPU 公司 SiFive 所開發的 RISC-V CPU 成品（來源：SiFive）

從簡單到複雜：CPU 的進化

▌CPU 從簡單到複雜，是持續 70 多年的進化過程

CPU 的發展和生物進化有相似性，都是從簡單到複雜，從低級到高級，從原始到智慧。

1946 年研製的 ENIAC（見圖 1.13）包含 17468 個真空管，每秒計算 5000 次加法，相當於 5 萬人同時做手工計算的速度。以現在的眼光來看當然微不足道，但在當時是很了不起的成就，原來一個需要 20 多分鐘才能計算出來的科學任務，在 ENIAC 上只要短短的 30s，緩解了當時極為嚴重的計算速度大大落後於實際需求的問題。

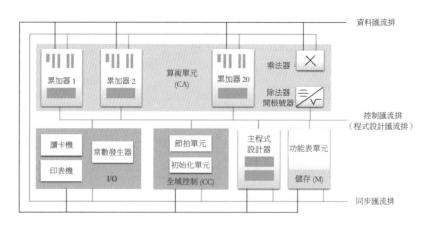

▲ 圖 1.13 ENIAC 結構方塊圖

1971 年 Intel 推出 Intel 4004（見圖 1.14），整個 CPU 整合在一個 3mm×4mm 的矽晶片上，總共包含 2250 個電晶體。Intel 4004 採用 10μm 製程，運算速度達到每秒 6 萬次。這樣的緊湊體積使 CPU 不再只是科學家的計算工具，而是可以走向家家戶戶的計算工具，在桌上型電腦上工作，這預示了 PC 時代的開啟。

▲ 圖 1.14　顯微鏡下的 Intel 4004 電路積體電路佈局

Intel 在 2022 年推出了 13 代架構 CPU（見圖 1.15），可以在桌上型電腦中執行複雜的資訊處理工作，包括打字排版、上網、看線上視訊、玩 3D 遊戲都遊刃有餘。還可以在伺服器、雲端運算、巨量資料、人工智慧方面做更大規模的資料處理。

CPU 的晶片上整合電晶體的密度不斷提升。人眼觀察 Intel 4004 的電路積體電路佈局照片，還能隱約分辨出電晶體的外形輪廓。到最近的年代，電晶體的尺寸已經小到難以分辨，只能看出很多晶體管聚集在一起，形成充滿了藝術感的色塊區域。

CPU 的發展主要受三方面動力的驅使：第一是應用需求牽引，科學家需要更快的計算速度，人們需要在 CPU 上運行更複雜的軟體，使 CPU 實現更高性能；第二是生產製程進步，半導體積體電路技術能夠在單位面積上製造更多的計算單元；第三是科學探索的內在動力，科學家、工程師努力不懈地突破現有水準，追求性能更高、智慧程度更高的電腦，最終目標是做出像人一樣有智慧的裝備。

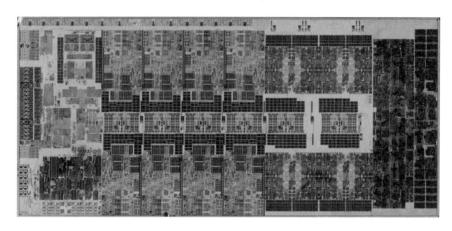

▲ 圖 1.15　Intel 13 代 13900K 電路積體電路佈局（來源：By Fritzchens Fritz - https://www.flickr.com/photos/130561288@N04/52454539950/）

▍CPU 技術在電腦科學中的地位

CPU 是整個電腦中最複雜的模組，是電腦科學的主導地位。

電腦科學中主要的原理大部分都涉及 CPU。在國際電腦學會（Association for Computing Machinery，ACM）2013 年制定的電腦專業的 18 個知識領域中，涉及電腦本身工作原理的課程都和 CPU 相關，甚至是以 CPU 為核心。18 個知識領域列舉如下。

（1）演算法與複雜度	（10）網路與通訊
（2）系統結構與組織 ＊	（11）作業系統 ＊
（3）計算科學	（12）基於平台的開發
（4）離散結構	（13）平行和分散式運算
（5）圖形學與視覺化	（14）程式語言
（6）人機互動	（15）軟體開發基礎
（7）資訊保障與安全	（16）軟體工程
（8）資訊管理	（17）系統基礎
（9）智慧系統	（18）社會問題與專業實踐

上面標星號的兩個課程都與 CPU 連結緊密。系統結構與組織主要針對電腦的硬體組成，尤其是以 CPU 為中心的整個電腦的硬體設計。作業系統是在 CPU 上運行的軟體，作業系統的設計和工作流程也要緊密圍繞 CPU 展開。

經典的電腦系統結構教材，第一節都是講解 CPU 的原理，其次才是記憶體和輸入／輸出（I/O）。CPU 原理能佔整個電腦原理的 70%。把 CPU 講透，才能明白整個電腦是怎樣工作的。在此基礎上，設計配套的作業系統，提供一個管理電腦的軟體平台，也提供運行上層應用軟體的平台。

可以列出這樣一個等式：

$$製作電腦 = 做 CPU + 做作業系統$$

會做 CPU、作業系統才代表會 "製作" 電腦。產業界經常稱 CPU 為 "電腦之心"、作業系統為 "電腦之魂"，很貼切地反映了這兩者的地位。

ACM 系統中剩下的 16 門課程，都是在電腦上面開發軟體來解決應用問題，可以說只是在 "使用" 電腦。

我不需要做 CPU，為什麼還要學習 CPU ？

▌以 CPU 思維觀察電腦，以 CPU 角度觀察世界

CPU 凝聚了許多科學家和工程師的智慧。對 CPU 原理的學習可以給人們帶來多方面的啟示。

對於電腦專業人員，學習 CPU 是掌握電腦原理的必經之路。即使畢業後不進入 CPU 企業，CPU 原理也將在整個職業生涯中如影隨形。電腦系統是分層次結構的，從硬體、作業系統到應用軟體，有時候為了解決某一層面的問題，往往需要下一層面的知識來解釋，否則只能在某一層面工作，知其然而不知其所以然。CPU 原理就是整個電腦系統最底層的知識。

對於應用軟體開發人員，掌握 CPU 原理才能開發出更高水準的軟體。雖然現在高階語言非常簡單易學，但是如果只掌握 Java 語言、Python 語言，那麼只能

開發出低水準的軟體。要開發出高性能的軟體仍然是需要底層功力的。軟體的演算法設計、程式最佳化都依賴於對 CPU 原理的深層次理解。

對其他工程學科人員，可以透過學習 CPU 來找到相似的設計方法，達到觸類旁通的目的。CPU 中包含的工程方法對各行業都有啟示。舉例來說，CPU 中用於提高指令執行效率的管線結構，用於提高記憶體存取速度的快取設計，用於提高平行計算能力的多核心、多執行緒設計，都可以為設計其他工程產品提供靈感。

即使是絕大多數不從事技術工作的人員，也可以了解 CPU 的來龍去脈、技術屬性、產業地位，以此來更深入地觀察和分析資訊產業的走向。資訊產業影響社會發展的各方面，CPU 在某種程度上可以作為技術發展趨勢的 "晴雨錶"，學習 CPU 通識課程可以提高自身的洞察力。

對資訊時代的每一個人來說，以 CPU 思維觀察電腦，以 CPU 角度觀察世界，就像學習法學、經濟學、管理學一樣，是一門隨時可能用得上的本事。

開放原始碼 CPU 哪裡找？

▎網際網路提供了豐富的 CPU 教學範例

開放原始碼運動不斷壯大，已經從軟體擴大到硬體。現在很多大專院校、企業、同好都在網際網路上提供開放的 CPU 設計資料，可以將其作為學習 CPU 原理的參考資料。

需要注意的是，畢竟 CPU 開發成本高，對開發 CPU 的企業來說包含了可觀的人力和智慧財產權，因此在開放原始碼社區上能夠找到的主要是簡單的入門級CPU，幾乎難以找到高端 CPU。典型的開放原始碼 CPU 有 OpenRisc、RISC-V等，主要針對嵌入式、物聯網領域。

少數一些伺服器等級的 CPU 選擇開放原始碼，也是原開發企業在市場很難做下去的情況下、想保持市場關注度的無奈之舉，典型的有 OpenSPARC、OpenPOWER 等。

相比之下，開放原始碼軟體的發展水準可以算是高出一大截。以作業系統為例，有 Linux 這樣在全世界的伺服器、手機（Android）、嵌入式裝置中廣泛使用的產品級作業系統，也有 Red Hat 這樣專業維護 Linux 發行版本、提供商業服務的企業。如果不想取得企業的服務，"用作業系統不花錢"已經是一種可以實現的狀態。

而在硬體領域，還沒有當紅的 CPU 企業敢於這麼大方地把桌面、伺服器 CPU 開放原始碼。

在這裡可以介紹一下全世界最大的開放原始碼電路模網路拓樸站 OpenCores（https://opencores.org），上面有各種類型的開放原始碼處理器，數量超過 200 個，可以作為一個參考資料庫，但是近幾年更新緩慢，很多專案已經有 10 多年沒有更新了。另外一個大型社區就是 Github，裡面也有一些 CPU 設計原始程式碼。搜索關鍵字 "CPU FPGA" 可以找到 600 多個專案，但是這些專案活躍度都很低，其中獲得 Star 評分最高的是一個相容 RISC-V 指令集的 CPU 設計專案，獲得了 5400 個 Star[1]。相比 Github 上隨便一個軟體元件專案就能獲得上萬個 Star，CPU 的開放原始碼資源確實是比較薄弱的。

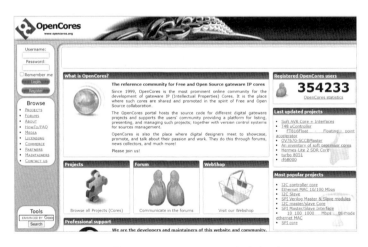

▲ 圖 1.16 OpenCores 官方網站

也許在不久的將來，由你開發的 CPU 能夠在開放原始碼社區上大放異彩！

---

[1] 資料查詢時間為 2021 年 9 月。

Note

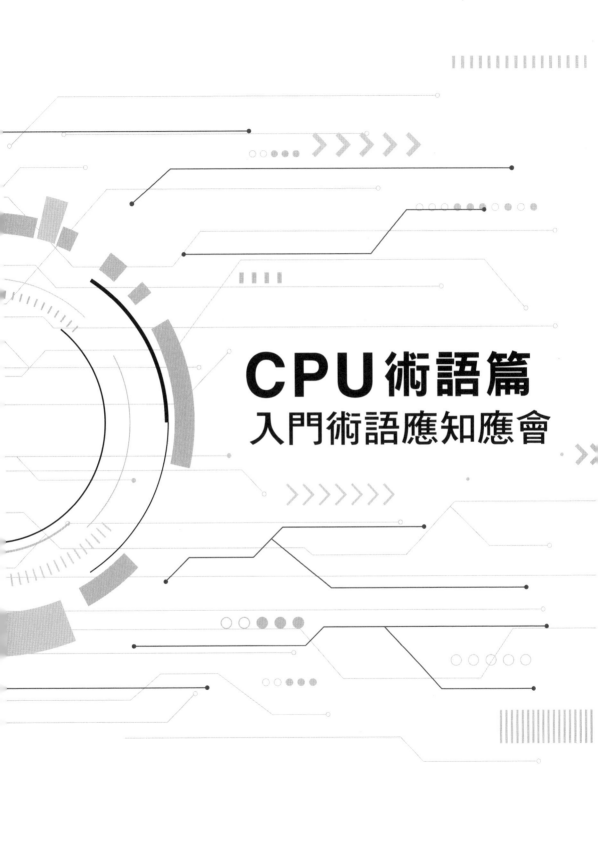

CPU術語篇
入門術語應知應會

電腦的語言：指令集

我終於明白 "相容性" 是怎麼回事了。這是指我們得保留所有原有的錯誤。

—— 丹尼·塔塞爾（Dennie van Tassel）

Intel 4004 Instructions Set				
INSTRUCTION	MNEMONIC	BINARY EQUIVALENT		MODIFIERS
		1st byte	2nd byte	
No Operation	NOP	00000000	-	none
Jump Conditional	JCN	0001CCCC	AAAAAAAA	condition, address
Fetch Immediate	FIM	0010RRR0	DDDDDDDD	register pair, data
Send Register Control	SRC	0010RRR1	-	register pair
Fetch Indirect	FIN	0011RRR0	-	register pair
Jump Indirect	JIN	0011RRR1	-	register pair
Jump Uncoditional	JUN	0100AAAA	AAAAAAAA	address
Jump to Subroutine	JMS	0101AAAA	AAAAAAAA	address
Increment	INC	0110RRRR	-	register
Increment and Skip	ISZ	0111RRRR	AAAAAAAA	register, address
Add	ADD	1000RRRR	-	register
Subtract	SUB	1001RRRR	-	register
Load	LD	1010RRRR	-	register
Exchange	XCH	1011RRRR	-	register
Branch Back and Load	BBL	1100DDDD	-	data
Load Immediate	LDM	1101DDDD	-	data
Write Main Memory	WRM	11100000	-	none
Write RAM Port	WMP	11100001	-	none
Write ROM Port	WRR	11100010	-	none
Write Status Char 0	WR0	11100100	-	none
Write Status Char 1	WR1	11100101	-	none
Write Status Char 2	WR2	11100110	-	none
Write Status Char 3	WR3	11100111	-	none
Subtract Main Memory	SBM	11101000	-	none
Read Main Memory	RDM	11101001	-	none
Read ROM Port	RDR	11101010	-	none
Add Main Memory	ADM	11101011	-	none
Read Status Char 0	RD0	11101100	-	none
Read Status Char 1	RD1	11101101	-	none
Read Status Char 2	RD2	11101110	-	none
Read Status Char 3	RD3	11101111	-	none
Clear Both	CLB	11110000	-	none
Clear Carry	CLC	11110001	-	none
Increment Accumulator	IAC	11110010	-	none
Complement Carry	CMC	11110011	-	none
Complement	CMA	11110100	-	none
Rotate Left	RAL	11110101	-	none
Rotate Right	RAR	11110110	-	none
Transfer Carry and Clear	TCC	11110111	-	none
Decrement Accumulator	DAC	11111000	-	none
Transfer Carry Subtract	TCS	11111001	-	none
Set Carry	STC	11111010	-	none
Decimal Adjust Accumulator	DAA	11111011	-	none
Keybord Process	KBP	11111100	-	none
Designate Command Line	DCL	11111101	-	none

Intel 4004 指令集，開啟微處理器時代

軟體編碼規範：什麼是指令集？

▎指令集是 **CPU** 執行的軟體的二進位編碼格式

指令集又稱為指令系統架構（Instruction System Architecture，ISA），是
CPU 運行的軟體的二進位編碼格式，是一種指令編碼的標準規範。由於硬體電
路都是由電晶體組成的，只能辨識 0、1（二進位），因此 CPU 上運行的軟體必
須有一種編碼格式來讓 CPU 辨識，如圖 2.1 所示。

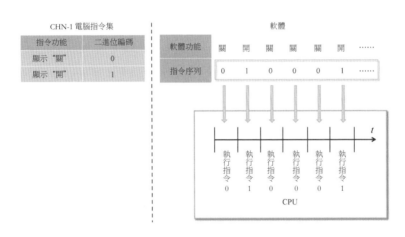

▲ 圖 2.1 指令集、軟體和 CPU 的關係

每一個 CPU 能理解的指令集都是由一組 "指令" 組成的。在 CHN-1 電腦中，
指令只有兩種，即 0 代表 "關"、1 代表 "開"。因此可以説 CHN-1 的指令集
只包含兩行指令。CHN-1 運行的軟體就是由 0、1 組成的連續指令序列。

CPU 企業都會對所製造的 CPU 提供詳盡的指令集手冊材料。一般説到某種指令
集時，我們腦海中浮現的都是 "Instruction Reference Manual" 之類的文件材
料。

指令集是軟體和硬體的介面。從軟體人員的角度來看，指令集嚴格規定了 CPU
的功能，指令集也反映了軟體人員對 CPU 進行程式設計的介面，所以有時候指
令集也稱為 "處理器架構"。

這裡簡單介紹目前最常用的指令集。桌上型電腦、伺服器主要採用 x86 指令集，手機、平板電腦主要採用 ARM 指令集。

什麼是指令集的相容性？

相容的 CPU 能執行相同的軟體

運行相同指令集的 CPU 稱為 "相容的"。這裡的 "相容" 主要是指 CPU 可以辨識相同的指令編碼，因此可以運行相同的上層軟體。

舉例來說，如果不同的廠商製造的電腦都採用和 CHN-1 相同的指令集，那麼這些電腦都能運行相同的軟體，是一類 "相容機"，如圖 2.2 所示。

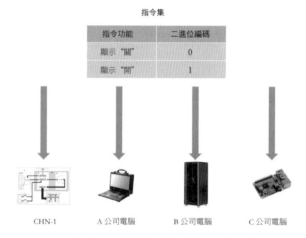

▲ 圖 2.2 相容機遵循相同的指令集

而在 CHN-2 電腦中，指令的編碼格式發生了變化，每行指令變成 4 個二進位位元，其中每一位元包含一種顯示中文字的資訊。這要求 CHN-2 電腦的資料通路、記憶體、指令暫存器、運算器都要每次處理 4 位元二進位，顯然 CHN-2 電腦上的軟體是無法直接在 CHN-1 上運行的。所以 CHN-2 和 CHN-1 是 "不相容" 的電腦。

為什麼指令集要向下相容？

▎成功的 CPU 系列能保持幾十年相容

相容性在 CPU 生態中具有重要的意義，一個良性發展的生態是在相容的指令集基礎上製造出更多電腦、開發出更多應用軟體。有生命力的 CPU 企業都會非常看重 CPU 指令集的穩定性，向指令集中增加、刪除指令都非常小心謹慎。如果指令集發生變化，很容易因為設計上的疏忽而引入 "不相容" 問題，導致以前的軟體無法在新的電腦上運行，那麼新的電腦是不會被使用者購買的。

那麼指令集就永遠不變了嗎？也不是這樣的。時代的發展總是要求電腦實現更多功能，指令集也應該與時俱進。

人們在實踐中找到一種比較好的折中方法，既能夠保持相容性、又能夠讓指令集越來越強大。這個方法就是 "增量演進、向下相容"。"增量演進" 的意義是，指令集的發展只能增加新的指令，不允許刪除現有的指令，也不允許改變現有指令的功能。這樣做的好處是，以前的軟體一定能夠在新指令集的 CPU 上運行，新的 CPU 能夠 "繼承" 以前全部的軟體成果。堅持這樣的路線，新的電腦一定能夠對老的電腦實現 "向下相容" （有的書上也叫 "向前相容"）。

IBM 公司在 1964 年推出的 System/360 系列電腦是 "相容機" 概念的始祖，如圖 2.3 所示。在此之前的電腦製造商，經常在新型號電腦中增加不相容的新特徵，導致老型號電腦上的軟體不能在新型號電腦上運行。而屬於 System/360 系列的電腦都能夠運行相同的軟體，最大化沿用了使用者的軟體資產。直到今天，IBM 仍然在製造相容 System/360 系列的大型主機。

▲ 圖 2.3 "相容機" 概念的始祖 System/360 系列電腦

電腦界有一個經典的例子，CPU 廠商由於不堅持向下相容而吃苦頭，你可能想不到這個故事的主角是 Intel。在 2001 年之前，Intel 的桌面和伺服器電腦都採用 32 位元的 x86 指令集。這個 "32 位元" 可以視為一次運算所處理的資料的最大寬度。隨著多媒體技術以及網際網路的快速發展，市場對 64 位元架構的需求日益強烈。Intel 與惠普公司共同開發了 64 位元指令集，稱為 IA64，又稱英特爾安騰架構（Intel Itanium Architecture）。幾乎同時，AMD 公司也開發了 64 位元的指令集，稱為 AMD64。由於 IA64 與 32 位元 x86 指令集不相容，而 AMD64 則對 32 位元 x86 指令集向下相容，因此市場上的消費者更喜歡AMD64。事實上，後來 Intel 也被迫放棄了 IA64，採納了 AMD64 指令集並改名為 x86-64，形成當今真正主流的 64 位元 x86 架構。由這個例子可以看到，即使是 Intel 這樣強勢的企業也不得不在 "向下相容" 的市場鐵律前折服。

為什麼說指令集可以控制生態？

軟體生態的價值大於 CPU

指令集承載了一個軟體生態，也是軟體生態的源頭（見圖 2.4）。假設有一個 CPU 企業，不妨稱為 A 公司，想要設計 CPU 並投入市場，那麼一定是從設計指令集開始的。A 公司首先設計了一種新的指令集 ISA-A，製造出相容 ISA-A 的 CPU，並將生產的 CPU 安裝到電腦中，然後為這種 CPU 開發相關的作業系統、編譯軟體（也稱為工具鏈）。而應用軟體開發者只需使用編譯軟體對原始程式碼進行編譯，生成二進位碼，就可以在這種 CPU 上運行軟體。日積月累，在這種 CPU 上運行的軟體越來越多，生態也越來越龐大，A 公司就可以透過銷售 CPU 獲取大把利潤。

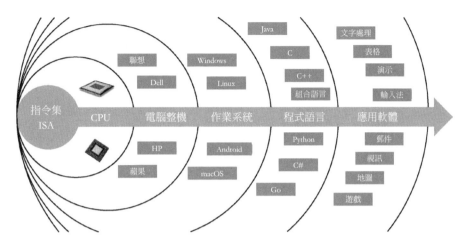

▲ 圖 2.4 從指令集建構軟體生態

生態的規模越大，吸附能力越強。當生態發展到一定規模時，會吸引更多的
CPU 廠商加入這個生態陣營，生產相容 ISA-A 的 CPU 並銷售。這些 CPU 都能
夠運行這個生態裡的所有軟體，使用者可以擇一購買。

這時候，最早設計這種指令集的廠商 A 公司就開始發現，很多公司都來分切這
塊蛋糕，原來 A 公司一家獨享的市場被切成幾塊。A 公司辛辛苦苦建設生態，
最後只淪為鋪路人。久而久之，將沒有人願意做建設生態的工作。

為了保護市場先行者的利益，鼓勵技術創新，智慧財產權法規對指令集有保護
制度。CPU 指令集可以透過申請專利的形式獲取專利權，任何人在付出一定條
件的前提下才有權使用指令集。

有了指令集的保護制度，A 公司就可以對 ISA-A 指令集開展智慧財產權保護工
作。現在，A 公司可以放心地銷售 CPU、建設生態，因為其他公司只有得到 A
公司的商業授權，才能生產和 ISA-A 相容的 CPU，也只有獲得授權後才能在市
場上銷售。在沒有取得授權的情況下生產、銷售與 ISA-A 相容的 CPU，是對 A
公司的侵權，也是不符合法律規定的。

A 公司透過對指令集的掌控,設定了生態的進入門檻。A 公司可以在這個生態中擁有自己的發言權,也可以決定哪些 CPU 企業可以進入這個生態。越是強勢的 CPU 企業,對授權的條件越嚴格,取得授權的門檻也越高。像 Intel、ARM 這些公司的授權費用可以高達上億元。

反之,如果 A 公司不重視指令集的保護,利用指令集對軟體生態進行控制的價值就會喪失;另外,因為智慧財產權保護有固定的年限,超過一定時間其就不再受到保護。

應該說,智慧財產權對保護先行者的利益、刺激技術創新,是發揮了正面作用的。

自己能做指令集嗎?

▌ 做指令集不難,難的是做軟體生態

指令集是一個標準規範。表面上看,"做指令集"的成果形式就是寫出了一份文件。設計一個指令集不算什麼高難度的事情,和做一個 CPU 動輒需要幾年工夫相比,它可能幾個月就能完成。

但是放眼望去,全世界常用的指令集種類很少,擁有大量使用者的主流指令集不超過 10 個。為什麼會這麼少呢?

首先,做指令集不難,難的是做軟體生態。把 CPU 做出來只能算是第一步,還需要在這種 CPU 上開發越來越多的軟體,這樣才能讓 CPU 的使用價值更大。然而,現在的軟體開發是很耗成本的工作,高品質軟體的銷售價格很容易就超過電腦硬體。軟體廠商面對一種新指令集時,很難有動力為其投入成本做開發。尤其是在指令集剛推出、還沒有多少使用者的階段,如何吸引軟體廠商是很難解決的問題。很多指令集本身設計得很好,只是因為沒有打破"沒使用者—沒廠商—沒使用者"的雙向悖論而遲遲不能打開局面。

其次，高端 CPU 需要的指令集已經非常複雜，遠遠超過簡單 CPU。對於只做簡單控制類工作的嵌入式 CPU、微處理器 CPU，可能幾十行指令就夠用了。但是對於在桌上型電腦、伺服器中使用的 CPU，往往需要上百筆甚至更多的指令。尤其是像電源管理、安全機制、虛擬化、偵錯介面這些技術，設計指令集時必須和 CPU 內部架構、作業系統進行統籌考慮。有時候甚至需要把 CPU、作業系統的原型都開發出來，經過長期測試驗證才能保證指令集的設計達到完善程度。

因此，敢於推出新指令集的企業往往都是一流的 CPU 公司，而這要靠雄厚的資金實力和足夠的研發投入。

第2節
繁簡之爭：精簡指令集

控制複雜性是電腦程式設計的本質。

——布萊恩‧克尼漢（Brian Kernighan）

20 世紀 70 年代，約翰‧科克（John Cocke）和他的團隊成功設計了採用精簡指令集電腦架構的電腦 IBM 801

CISC 和 RISC 區別有多大？

▌ 指令集應該只包含最常用的少量指令

在電腦發展過程中，指令集形成了兩種風格，即複雜指令集電腦（Complex Instruction Set Computer，CISC） 和精簡指令集電腦（Reduced Instruction Set Computer，RISC）。一起來回顧一下這兩者的淵源。

早期的電腦指令集都很簡單。ENIAC 主要用於數學計算，指令集只包含 50 行指令。1971 年發佈的微處理器 Intel 4004 的指令集也只有 45 筆 [1]。可以說從 20 世紀 50 年代到 20 世紀 70 年代，指令集的數量增長並不明顯。

隨後的電腦不斷增加功能，指令集也越來越複雜化。到 20 世紀 80 年代，進入個人電腦時代，指令集包含的指令數量迅速增長（見圖 2.5）。1978 年推出的 Intel 8086 的指令集為 72 筆，1985 年推出的 Intel 80386 就超過了 100 筆，1993 年推出的 Intel Pentium 則達到了 220 行。2000 年 Intel 發佈的 CPU 的指令數量已經超過 1000 筆。

▲ 圖 2.5 CPU 指令數量增長趨勢

---

[1] Intel 4004 的指令集手冊，可以參考 http://e4004.szyc.org/iset.html

為什麼 CPU 的指令集會越來越龐大？主要有兩個原因。第一，電晶體技術取代真空管技術後，CPU 製造起來越來越容易，讓 CPU 指令支援更多功能具備了可能性。例如 Intel 在 Pentium 中增加的 MMX 指令集，主要多媒體導向的音訊、視訊，可以在一行指令中對多個資料進行編碼、解碼，其性能遠遠超過以前的型號。第二，電腦從單純科學計算走向個人電腦，應用軟體越來越豐富，程式設計師希望指令集功能更強大，來方便撰寫程式。舉例來說，早期電腦每行指令只能存取一個記憶體單元，而 "串指令" 可以一次對連續的多個記憶體單元進行讀寫，這樣在開發相同功能的軟體時，組合語言程式碼更為簡短。

但是，指令集的增長也帶來了很多弊端。第一，CPU 的設計製造更複雜，用於解析指令的電路銷耗變大，也更容易導致設計錯誤。第二，指令之間產生了很多的重複功能，很多新增的指令只是把已有多行指令的功能組合起來，相當於引入了很多的容錯，不符合指令集的正交性原則。第三，也是最嚴重的問題，指令的長度不同，執行時間有長有短，不利於實現管線式結構 [1]，也不利於編譯器進行最佳化排程。

只要矛盾累積到一定程度，就會有人站出來提出革命性的理念。早在 20 世紀 70 年代，就有一些科學家開始反思 "一味增加指令數量" 的做法是否可取。

統計表明，電腦中各種指令的使用率相差懸殊，可以總結為 "二八原則"：CPU 中最常用的 20% 指令，佔用 80% 的執行頻率。使用最頻繁的指令往往是加減運算、條件判斷、記憶體存取這些最原始的指令。也就是說，人們為越來越複雜的指令系統付出了很大的設計代價，而實際上增加的指令被使用的機會是很低的。

"精簡指令集" 的設想正是受此啟發——指令集應該只包含最常用的少量指令。指令集應該盡可能符合 "正交性"，即每行指令都實現某一方面的獨立功能，指令之間沒有重複和容錯的功能，所有指令組合起來能夠實現電腦的全部功能。按照這個原則設計而成的電腦稱為 RISC。

---

[1] 本書將在 "CPU 原理篇" 說明管線式結構的原理，此處讀者只需要知道管線是現代高性能
　　CPU 都採用的一種實現結構即可。

與 RISC 相區別的是 CISC。RISC 電腦指令筆數一般不超過 100 筆，每行指令長度相同，二進位編碼遵循統一的規格，非常便於實現管線式電腦和編譯器排程。

一般認為 1975 年開始研製的 IBM 801 是最早開始設計的 RISC 處理器。20 世紀 90 年代以後出現的新指令集基本都屬於 RISC。到現在還在大量使用的主流 CISC 應該只剩下一種了，即 Intel 公司的 x86 指令集。CISC 和 RISC 的對比如圖 2.6 所示。

CISC	RISC	
指令數量廳大	指令數量較少	
指令長度不同	指令長度相同	
指令功能有容錯和重複	指令之間功能 "正交"	
x86	LoongArch	ARM
		RISC-V
MC68000	Alpha	MIPS
PDP-11		
	Sparc	Power

▲ 圖 2.6 CISC 和 RISC 的對比

歷史經過 "簡單—複雜—再簡單" 的反覆循環，又回到了 "簡單化" 的方向上。

CISC 和 RISC 的融合

▎x86 指令集在外部採用 CISC，在內部採用 RISC

RISC 天生具有便於實現管線架構的優點。RISC 指令集清晰簡潔，容易在電路的硬體層面進行分析和最佳化，使用 RISC 指令集的 CPU 能夠以相對簡單的電路達到較高的主頻和性能。

20 世紀 90 年代的處理器市場上，高主頻、高性能 CPU 基本被 RISC 佔領。

CISC 廠商痛定思痛，決心找到在保持指令集不變的前提下，解決性能問題的方法。保持指令集不變的根本原因是堅持相容原則，避免影響生態、失去使用者。

CISC 廠商發現，CISC 指令集可以採用兩級解碼的方法轉換成 RISC，如圖 2.7 所示。首先，CPU 對運行的 CISC 指令先進行一種 "預解碼" 轉換，生成一種內部指令 "微指令"，也叫微操作（μOP）。微指令是 CPU 內部使用的，對軟體不可見。微指令完全採用 RISC 的設計思想，對微指令的執行過程完全可以採用管線架構。這樣，一個 CPU 既可以執行 CISC 指令集的軟體、又可以達到 RISC 架構的相同性能。

▲ 圖 2.7 CISC 轉換成 RISC

CISC 和 RISC 的融合，給 CISC 指定了新的內涵：

CISC = 預解碼 + RISC

最早採用這個巧妙方法的是 Intel。Intel 一直採用 x86 指令集，在 CPU 內部使用管線架構。1989 年推出的 Intel 80486 引入了五級管線，如圖 2.8 所示。

（1）PF 步驟——指令預先存取（Prefetch）

（2）D1 步驟——指令解碼 1（Decode Stage1）

（3）D2 步驟——指令解碼 2（Decode Stage2）

（4）EX 步驟——指令執行（Execute）

（5）WB 步驟——回寫（Write Back）

▲ 圖 2.8 Intel 80486 五級管線

現在的 Intel CPU 大多是外表披著 CISC 外殼、裡面都是 RISC 的結構。

高端 CPU 指令集包含什麼內容？

▍指令集要符合應用需求

在更複雜的電腦中，指令集包含的指令筆數會更多，一般至少會有幾十筆，多的可以達到上千筆。指令不是越多越好，而是要以滿足應用需求為標準。指令數量太多，對於學習成本、編譯器複雜度都代價過高。優秀的指令集是每一行指令都有必要、每一行指令都能在軟體中良好使用。

第**3**節

第一次抽象：
組合語言

機器指令相當於結繩記事，組合語言相當於甲骨文，高階語言相當於現代文字。

——知乎專欄

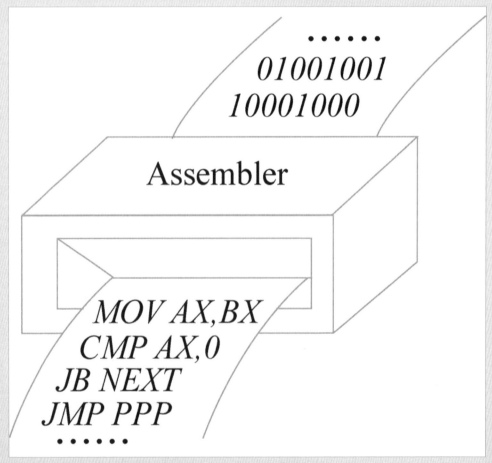

組合語言的原始程式碼透過組譯器（Assembler）轉為二進位指令

硬體的語言：組合語言

▍組合語言是 CPU 機器指令的快速鍵

使用二進位表示的電腦指令，稱為機器指令。機器指令是計算機電路可以直接理解和執行的指令。

使用機器指令可以撰寫各種各樣的程式，就像用人類語言寫文章一樣，因此機器指令也稱為機器語言。

用機器語言進行程式設計，效率是非常低的。人腦不習慣於操作二進位，如果想要記住所有指令的二進位編碼，一定是非常痛苦的事情。組合語言就是為了方便程式設計而發明的。

組合語言（Assembly Language）使用一種接近自然語言的文字形式來表示二進位的機器指令。在組合語言中，表示形式是各種方便記憶的符號，即字母和數字。

在 CHN-1 電腦中，指令有兩種，即二進位 0 代表 "關"、1 代表 "開"。可以定義下面的組合語言指令： "ON" 代表 "開"， "OFF" 代表 "關"。這樣的語法非常方便人們記憶，因此組合語言指令也可稱為 "快速鍵"。

在實際的電腦中，指令都要有參數，例如所存取的記憶體位址、所讀寫的暫存器。在組合語言中，用位址符號或標誌代替記憶體位址，用暫存器的名稱代替暫存器的編號。

我們來看一個典型的 "陣列複製" 程式。程式採用組合語言指令撰寫。讀者不需要了解每一行組合語言指令的功能，只需要了解組合語言使用的是 CPU 的指令集，可以操作每一個暫存器。而實現相同功能的 C 語言程式雖然行數少，但是由於採用接近自然語言的抽象語法，因此無法任意操作 CPU 內部的資源。

組合語言範例	C 語言

``
loop:
  beq t1, a2, exit
 	
  ld.w t2, 0(a1)
  st.w t2, 0(a0)
  addi.d t1, t1, 1
  addi.d a0, a0, 1
  addi.d a1, a1, 1
  j loop
exit:
  ......
``
	``
	#define SIZE(64 * 1024 * 1024)
	
	for (int i=0; i<SIZE; i++)
	{
	  dest[i] = src[i];
	}
	``

組合語言指令不能直接在 CPU 上運行,必須先透過一種轉換程式進行處理,轉換成二進位的機器指令。這樣的轉換程式稱為 "組譯器"。組譯器是每一種 CPU 必備的軟體。

有了組合語言以後,撰寫程式的效率獲得了大幅度提高。組合語言把 "功能表示" 和 "硬體機制" 分離開來,實現了程式設計師的第一次解放。

為什麼現在很少使用組合語言了?

▌程式設計語言越來越強大、好用

組合語言仍然是一種 "機器" 導向的語言,而非 "問題" 導向的語言。使用組合語言程式設計時,程式設計師需要考慮暫存器、記憶體這些 CPU 本身的基本功能,而且組合語言指令的語義往往非常簡單,所以當撰寫複雜的程式時,程式很容易變得很長。

高階語言的發明是程式設計師的第二次解放。高階語言比組合語言更為 "強大"。在高階語言中,可以使用的資料型態上升為整數、浮點數、指標、陣列、結構這些更抽象的邏輯,能夠描述的控制機制也更多,例如各種條件判斷、迴圈等。

高階語言透過一種專用程式進行處理，轉換成 CPU 執行的機器指令。這種轉換程式叫作編譯器（Compiler），如圖 2.9 所示。

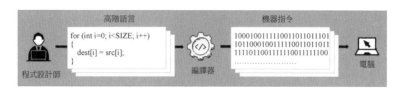

▲ 圖 2.9 高階語言編譯成機器指令

高階語言的程式設計效率遠遠超過組合語言。據統計，對於實現相同的計算問題，高階語言使用的程式量平均只有組合語言的 1/7。更少的程式表示更短的程式設計時間，也表示更少的 bug（錯誤）。

高階語言的另一個好處是"平台無關"。對於不同的指令集，組合語言是不相同的。一種指令集導向的程式在移植到另外一種指令集時，組合語言程式碼不能通用，幾乎要從頭重寫。如果使用高階語言，程式對所有指令集是通用的，只需要使用新平台的編譯器重新編譯一遍，就可以生成新指令導向的機器程式。

現在的軟體開發，絕大多數已經採用高階語言了。TIOBE 前 20 名中主要是各種高階語言，例如 Java、C 語言、Python 等。組合語言大約排在第 14 位，所佔百分比為 1% ～ 2%。

組合語言會銷毀嗎？

▌ 組合語言是電腦從業者的基本功

組合語言不可能完全銷毀，在軟體程式設計領域仍然有一席之地，主要用在以下兩種場景。

第一種場景是用於實現高階語言不能實現的功能。高階語言只定義了大多數問題導向的共通性語法，但每一種指令集都會有一些特性是高階語言無法實現的，例如讀寫 CPU 內部的暫存器、存取外接裝置的通訊埠等。這種情況下必須使用組合語言。因此，在基本輸入輸出系統（BIOS）、作業系統核心、驅動程式、嵌入式控制程式中經常出現組合語言。

第二種是對程式的性能要求高，需要最佳化程式的場景。高階語言是編譯成功器轉換成機器指令的，有時候並不能生成最佳的指令。如果是人工撰寫組合語言，則可以針對 CPU 的特點，發揮最大性能。所以在應用程式中，如果需要執行效率非常高的函數，則可以考慮使用組合語言進行最佳化。

電腦專業學生一定要重視組合語言這個基礎素質。

第**4**節
做 CPU 就是做微結構

造晶片和造房子有相似之處。指令集相當於房子的地基，**IP** 核心相當於房子的設計草稿，晶片相當於造好的房子。真正的好房子，地基是自己的，草稿是自己設計的，房子是自己造的。買別人的 **IP** 核心組晶片，就像是購買別人的草稿、在別人的地基上造房子，造完的房子只有使用權沒有所有權。

—— 《造芯的第一步：選對晶片架構》

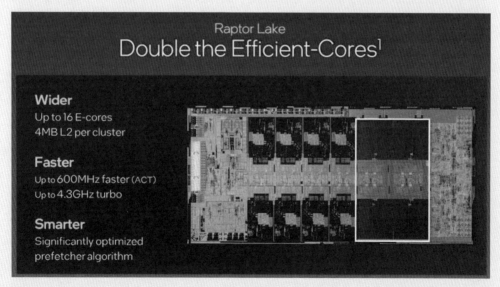

Raptor Lake 處理器核心微結構（2022 年，來源：Intel）

CPU 的電路設計：微結構

▌ 真正的 "做 CPU" 是設計微結構

微結構（Micro-architecture）也叫微架構，是指一個實際 CPU 的電路設計，也就是 CPU 的硬體實現方案。

在表現形式上，微結構是指一個處理器實現具體指令集功能的電路設計，是實現指令集的一套硬體原始程式碼。

指令集是一個 "標準規範"，擁有指令集屬於智慧財產權問題。微結構是一套硬體方案，做微結構屬於設計能力問題。

一個微結構可以重複製造多種 CPU。CPU 企業設計好一個微結構以後，從微結構到 CPU 還要經過幾個步驟，每個步驟都可以進行訂製，具體介紹如下。

- 可以在微結構裡面設定一些訂製參數，例如快取大小；還可以根據需要裁剪或保留某些模組，例如是否留下浮點計算單元、遮罩某些不需要的指令等。

- 使用多個處理器核心組成一個晶片，例如單核心、4 核心、8 核心、16 核心、64 核心等。

- 使用不同的製程生產晶片，例如 28nm、14nm、7nm 等。

- 晶片生產出來後，根據品質的不同，設定成不同的運行頻率，然後根據頻率確定價格，例如高頻率的賣高價格、低頻率的賣低價格。

由於存在上面這些不同的訂製方法，因此同樣的微結構可以 "衍生" 出不同型號的 CPU。但是這些 CPU 來自相同的微結構，擁有相同的 "核心"，可以說都是一個家族中的兄弟。

1995 年 Intel 發佈首個專門為 32 位元伺服器、工作站設計的處理器架構，即 P6 架構，其首個產品是 Pentium Pro，一直用到 2001 年還在銷售的 Pentium III 處理器。

可售賣的設計成果：IP 核心

▌ 電路設計的成果封裝成 IP 核，重複使用

IP 核心（Intellectual Property Core）是指一個設計好的電路模組。IP 確定現了一個預先定義的電路功能，可以在不同的晶片中重複使用。從名稱上看，IP 核心是一個腦力勞動成果，是一個設計作品，經常會透過智慧財產權來保護作者的創造性成果，這也是名稱中含有 "智慧財產權"（Intellectual Property）的意義。

IP 核心存在的意義就是減少重複的設計工作。IP 核心非常類似於軟體中 "函數" 的概念，函數是 "一次定義、多次呼叫"，IP 核心則是 "一次設計、多次使用"。

IP 核心的功能細微性可大可小。小到乘法器、除法器、浮點運算器等，大到一個完整的 CPU 都可以做成 IP 核心。

IP 核心設計已經成為半導體產業中的專業，有很多公司專門靠設計和銷售 IP 核心營利。在設計一個晶片時，如果要在晶片中實現一個標準功能模組，很可能市面上已經有公司做好了現成的 IP 核心，只要買來整合到晶片中就可以快速完成設計，這樣能夠節省可觀的時間成本。

IP 核心的 "軟" 和 "硬"

▌軟 IP 是電路的邏輯功能，硬 IP 是電路的電晶體積體電路佈局

IP 核心有 "軟" 和 "硬" 兩種形式，如圖 2.10 所示。

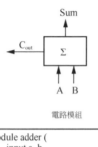

電路模組

輸入		輸出	
A	B	S	C_{out}
0	0	0	0
0	1	1	0
1	0	1	0
1	1	0	1

電路功能

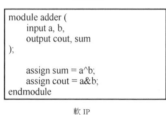

軟 IP
（Verilog 語言）

硬 IP
電晶體佈局

▲ 圖 2.10 一個加法器的軟 IP 和硬 IP

軟 IP：用硬體描述語言描述的電路模組。硬體描述語言（Hardware Description Language）是用於設計電路的一種文字式語言，採用類似於程式語言的語法，常用的有 Verilog、VHDL 等。硬體描述語言描述的是電路的功能，例如輸入 - 輸出的組合邏輯、時序等，但是不涉及實現電路的具體元件。軟 IP 可以認為是電路的 "原始程式碼"。

硬 IP：電路模組的積體電路佈局，是對電路進行佈局、佈線，並且確定了所採用的全部電晶體的電路模組。硬 IP 可以認為是電路最終階段的產品。

組晶片：SoC

▌買 IP 組合起來就可以生產晶片

SoC（System on Chip）全稱是 "系統單晶片"，是在一個晶片中整合多個電路模組，組合形成具有接近於完整電腦功能的電路系統。

SoC 中的 "系統"，通常被認為是電腦系統，也就是在一個晶片中實現傳統的電腦的 5 個組成部分。由於超大型積體電路製程的進步，以前需要多個晶片、多個電路板實現的功能，現在都可以整合在一個晶片中。

典型的 SoC 中能夠包括 CPU、記憶體、外部通訊介面模組、電源和功耗管理模組，等等。

使用 SoC 晶片，再加上很少量的週邊元件，就可以實現一個複雜的電路系統。典型的 SoC 晶片在一個晶片中整合了兩個 CPU 核心、20 多種外接裝置控制器，小的電腦主機板可以做到一張名片大小。

手機中也有很多 SoC 晶片在使用。例如高通公司的驍龍 865 晶片（2019 年 12 月發佈），專用於智慧型手機，整合了 8 個 CPU、5G 通訊模組、3D 圖形模組、人工智慧（AI）模組、Wi-Fi、藍牙、USB、攝影機、音訊、充電管理。這個晶片採用 7nm 製程，面積還不到一個 1 角硬幣大小！

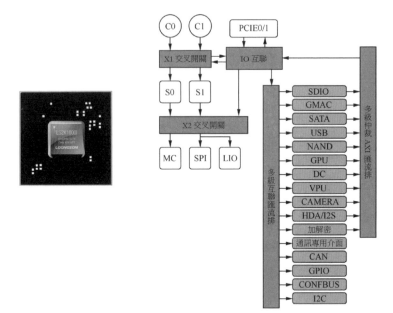

▲ 圖 2.11 CPU 結構圖

像 DIY 電腦一樣 "組 CPU"

▋ 生產晶片可以透過買 IP 走捷徑，但要想掌握自己的技術沒有捷徑

DIY（Do It Yourself）這個詞語的本意是 "自己動手製作"。從 20 世紀 90 年代開始，電腦市場流行一種購買配件、自己組裝電腦的方式，例如 CPU、記憶體模組、主機板、硬碟、顯示器這些配件都可以單獨購買，再拼裝起來就形成了一台電腦。DIY 電腦的技術要求並不高，只要按照說明書就能很容易地 "組" 出一台電腦。

晶片領域也有類似於 DIY 的 "組 CPU" 的方式，這就是購買 IP 模組做 SoC 晶片。由於 IP 授權已經成為半導體行業的常見商業模式，很多專業公司設計好了現成的電路並對外銷售，即使是像 CPU 這樣複雜的電路都可以從市場上買到。買來 IP 模組後，只需要簡單地訂製，或再加上其他模組，組合成 SoC，就可以 "組" 出一個晶片了。

這種 "組" 晶片的方式，在技術難度上遠遠小於從頭設計。由於核心模組都是其他人做好的，因此即使是不懂 CPU 原理的人也能 "做" 出一個 CPU。例如在手機領域，ARM 公司提供公版的 CPU 設計，以 IP 模組形式進行銷售，那麼只要花足夠的錢買到授權，就可以基於 ARM 的 CPU 做出手機晶片，幾個月工夫就能實現。

有很多企業做手機的 CPU，但實際上多數是基於 ARM 公版的 IP 核心生產晶片。除了 CPU 核心以外，幾乎所有標準的電路模組都可以在市場上買到 IP，例如記憶體控制器（DDR）、圖形處理器（GPU）、網路控制器、外接裝置控制器（PCIE）、硬碟控制器（SATA）、USB 控制器，等等，甚至連 CPU 中的溫度感測器都是可以買到的。

這種買 IP、組晶片的方法，絕對不代表自主掌握了做 CPU 的技術。如果是買別人的 IP，不能算是 "自主 CPU"，只能算是一個 "CPU 的搬運工"。很多企業能做手機 CPU，但是 CPU 仍然無法實現自主化，根本原因就是這些 CPU 都是引進別人的東西，企業只是完成了加工製造環節，處於產業鏈的末端。

CPU 企業的目標應該是自己掌握做 CPU 的技術、自己做出一流的 CPU 設計，並且有能力向其他企業做 IP 授權、透過智慧財產權獲取利潤，這樣才能表現更大價值、站在產業鏈的頂端。

第**5**節
解讀功耗

美國所有資料中心的二氧化碳（CO_2）排放量和其整個航空工業相當，消耗了美國大約 **3%** 的電力，其中 **40%** 的電力用於冷卻系統給伺服器裝置降溫。

——**Energy Efficiency in Data Centers**，**IEEE TCN**，2019 年

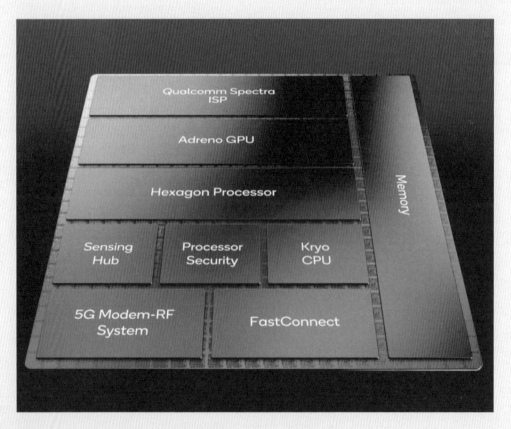

最新行動通訊晶片高通 Snapdragon 8 Gen 2

什麼是功耗？

▍降低功耗是電子產業的不懈追求

就電子裝置而言，功耗（Power Consumption）指的是電子裝置在單位時間內所消耗的電能。功耗越大，則電子裝置在相同時間內耗費的電能越多，也就是通常說的 "更費電"。功耗的單位是瓦特（W）。

功耗是 CPU 的重要指標。一般來說，運算能力越強的 CPU，功耗也越大。我們需要根據不同的使用場合，來綜合考慮性能和功耗之間的平衡，各類 CPU 的典型功耗如圖 2.12 所示。桌上型電腦、伺服器 CPU 是在固定場所使用的，對功耗不太敏感。但是筆記型電腦、行動計算 CPU 需要儘量延長電池使用時間，所以在設計時都把降低功耗作為一個重要目標。

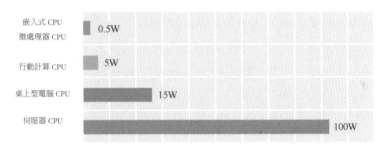

▲ 圖 2.12 各類 CPU 的典型功耗

嵌入式 CPU、微處理器 CPU 經常需要在無法外接電源的環境中工作，只能附帶電池。這種 CPU 在設計時要嚴格控制功耗，有時為了降低功耗而不惜犧牲性能。嵌入式 CPU、微處理器 CPU 的功耗一般在 mW（10^{-3}W）量級。

對於筆記型電腦、手機、平板電腦這樣的行動裝置，功耗低則表示充一次電可以使用更長的時間。手機、平板電腦 CPU 的功耗一般不超過 10W，筆記型電腦CPU 的功耗不超過 20W。

桌上型電腦由於有穩定的外接電源，對功耗的要求相對不太高。桌上型電腦 CPU 的功耗一般在 50W 左右。但是從節能環保的角度來看，當然希望電腦的功耗越低越好。低功耗 CPU 的另一個優點是可以製造出 "無風扇" 的電腦。常見的電腦 CPU 的功耗都有幾十瓦，多的可以達到 100W，這會帶來很大的發熱量。CPU 在工作時，電流流過電晶體就會發出熱量，這些熱量都會透過晶片表面散發出去，CPU 表面的溫度有可能上升到 100℃。這樣的溫度很容易燒壞晶片，所以常見的電腦內部都需要一個風扇來給 CPU 散熱。但風扇屬於機械裝置，雜訊大且容易損壞。現在有一些低端的桌上型電腦 CPU 的功耗可以控制在 15W 以內，這樣的發熱量可以省去風扇，做出完全靜音的電腦。

伺服器 CPU 是真正的功耗大戶。伺服器 CPU 的特點是核心數多、計算單元豐富，自然要消耗更多電能。伺服器 CPU 的功耗很容易超過 100W。

功耗最大的電腦在資料中心裡。2000 年以後，雲端運算（Cloud Computing）技術開始出現，巨量的伺服器被集中到一個資料中心提供計算服務。超大型的資料中心往往有幾萬台到幾十萬台伺服器，佔地面積大，這樣的資料中心附近都要專門建設發電廠，電費的成本約佔整個資料中心成本的 1/3。根據 2010 年的一份報告指出，全世界的資料中心在 2010 年所消耗的電力，約是全球 2010 年總發電量的 1.1% ～ 1.5%[1]。

有哪些降低功耗的方法？

▌ 先進製程可以降低功耗，更關鍵的還是靠人的設計

降低功耗不是 CPU 的任務，而是整個電腦系統追求的目標。現在的電腦系統中，主要有 3 種方法降低功耗。

---

[1] 資料中心的散熱方式是工程界的又一個有趣話題。阿里巴巴千島湖資料中心採用湖水進行自然冷卻，Google 利用海水、生活廢水進行散熱。

一是採用先進的半導體生產製程。先進製程能夠縮短電晶體之間的距離、降低
電晶體的工作電壓、提高電晶體的密度，從而對應地降低發熱量。世界上最先
進的製程（例如 5nm）都是率先使用在對功耗要求高的智慧行動裝置上的。

二是透過作業系統實現電源管理。例如在電腦待機時，如果沒有計算任務，可
以自動關閉螢幕，還可以切斷硬碟等外接裝置的電源，最大化地節省電能。

三是根據運行負載自動調整主頻。例如 "睿頻" 的功能是使 CPU 可根據所運行
應用程式的計算量而動態地升高、降低頻率，負載低時能夠以很少量的功耗維
護工作。更先進的 CPU 還可以動態調整電壓。功耗控制使筆記型電腦可以工作
更長時間。

第**6**節
莫爾定律傳奇

每一個節點電晶體數量會增加一倍，**14nm** 和 **10nm** 都做到了，而且電晶體成本下降幅度前所未有，這表示莫爾定律仍然有效。

——史黛絲·史密斯（**Stacy Smith**），**Intel** 執行副總裁

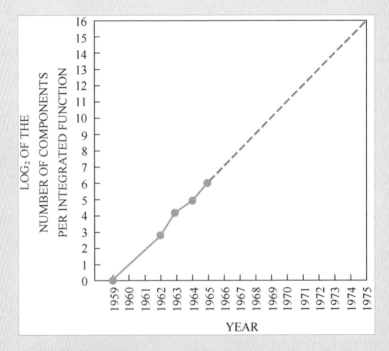

得出莫爾定律的草圖
Cramming More Components onto Integrated Circuits ，
Electronics Magazine Vol. 38, No. 8 (April 19, 1965)

莫爾定律會故障嗎？

▊ 莫爾定律不是客觀定律，而是人為定義

莫爾定律是指 1965 年高登‧莫爾（Gordon Moore）發現的一條經驗定律，最初的定義是 "積體電路上的電晶體數量每一年翻一倍"。

這個定律的發現有一段近乎傳奇的故事。1959 年是積體電路推向商業化的元年，到 1965 年僅有 6 年的歷史。莫爾在一張草稿紙上用幾個點表示出了每一年積體電路中的最大電晶體數量，又用一條斜線把這幾個點連接起來，從而發現了這個推動積體電路產業發展至今的規律。

1975 年，莫爾對定律進行了一次修改，表述為 "每兩年提升一倍 "，相當於承認了比 1965 年預測的速度放緩了。即使如此，積體電路產業的發展，在事實上也與莫爾定律高度契合。回顧這幾十年的發展，積體電路的資料在很大程度上驗證了莫爾定律的預測。

到目前為止，莫爾定律還沒有 "故障" 的跡象。在物理學、化學、量子力學的綜合推動下，晶片製程仍然在突飛猛進。有很多次在面臨工程瓶頸時，總會有新的成果突破物理極限，使莫爾定律得到挽救。

莫爾定律面臨的問題是電晶體尺寸已經接近極限。矽電晶體不能夠繼續縮小，例如到 4nm 等級時電晶體的尺度就要在幾個原子的細微性，現有的生產製程和材料都不能操控這樣的精度，電晶體會失去可靠性，無法精確控制電子的進出，從而無法穩定地表示 1 和 0。有文獻預測這個瓶頸將在 2030 年之前到來。

即使某一天莫爾定律故障了，它也是歷史發展的必然。當積體電路產業發展到足夠先進的程度，在一段時期內能夠滿足社會的需求，它的發展速度自然會放緩。未來的技術會走向多元化，以滿足應用需求，而非以單一的工程指標作為價值的判斷方式。就像生活中的汽車速度達到 240km/h 就不需要再提升一樣，人們轉而追求的是舒適、自動化、資訊互聯等更豐富的體驗。

莫爾定律雖然號稱是一個"定律"，但是它不像數學、物理定律一樣屬於自然界的"客觀規律"，而只是人們"主觀觀察"的現象。它背後沒有更深層次的原因解釋，人們定義和使用這條定律時並不知其所以然。更多的時候，莫爾定律代表了人們對半導體產業發展的良好期望，並且表現了人們為了保持其發展速度而努力不懈的一種精神。

什麼是 Tick-Tock 策略？

▌複雜問題，分步解決

Tick-Tock 模型（通常譯作"滴答模式"或"鐘擺模式"）是 Intel 公司提出的 CPU 發展路線，其含義是採用"兩步走"的交替策略，應用先進製造製程和改進微結構的設計來提升 CPU 性能，Tick-Tock 路線圖如圖 2.13 所示。

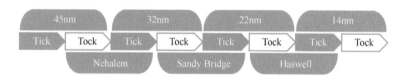

▲ 圖 2.13 Tick-Tock 路線圖（來源：Intel 網站）

每一次做"Tick"都是提升 CPU 的製造製程，享受莫爾定律的紅利。

每一次做"Tock"都是帶來更好的微結構設計。這方面的工作包括性能提升、節能設計，以及專用功能導向的硬體支援（例如硬體視訊解碼、加密／解密等）。

之所以要採用"Tick-Tock 兩步走"的交替策略，是因為這樣可以分解難度、控制風險、降低成本。製造製程和微結構是一個 CPU 最重要的兩個側面，也是難度最高的兩個設計要素。採用新的製造製程表示數十億美金的投入，製程需要經過長時間的測試驗證才能達到量產水準和可接受的成本。微結構的改進更是需要一個長時間的"設計—驗證"週期。如果把這兩件事情混在一起做，問題交織在一起，很可能哪個都做不好。如果能夠先做好一方面，暫時不考慮另一方面，這樣更能在較短時間內推出新的升級型號。

Tick-Tock 在思想上的本質，屬於面對複雜問題時採用"分而治之"的方法。把一個複雜問題分解成多個獨立的子問題，各個子問題可以按順序分別解決，每一個子問題的難度小於整體問題，這樣可以使複雜問題的難度"降維"，更便於解決。

Tick-Tock 模型的新含義："三步走"

▌ 處理器的性能提升節奏放緩

Tick-Tock 模型最早在 2006 年左右提出，在最初 10 年中基本上按照每 2 年一個週期的節奏發展。Intel 公司靠此"法寶"加持，一直保持業內的領先地位。

但是在 2017 年，Intel 對 Tick-Tock 週期進行了修正，從 10nm 製程 CPU 開始改為"製程—架構—優化"（Process-Architecure-Optimization）的"三步走"戰略，每次迭代週期拉升到 3 年。增加的"最佳化"步驟是指在製程及架構不變的情況下，進行小幅度的修復和最佳化，以及修正 bug、提升主頻等。

從 Tick-Tock 模型被指定新的定義來看，半導體製程發展速度有放緩的趨勢，處理器性能的提升速度也比原來慢了。人們不滿足於 Intel 產品性能的緩慢提升速度，戲稱其為"擠牙膏"式的改朝換代。

目前人們提起 Tick-Tock 模型，使用最多的仍然是"兩步走"的經典含義。

為什麼 CPU 性能提升速度變慢了？

▌ 技術足夠滿足應用需求後就創新乏力了

回顧 1980 年至今的商業 CPU 市場，CPU 的性能提升速度表現出"慢—快—慢"的現象。莫爾定律、Tick-Tock 模型共同支撐了 CPU 性能快速提升的 1990—2010 年，而現在的性能則每年只有小幅度提升。

性能提升速度變慢的內在原因至少有以下 3 個方面。

第一是新的應用需求變少，企業和工程師失去最佳化的動力。一直到 2010 年之前，個人電腦和伺服器的應用發展帶動了 CPU 性能的提升，包括 20 世紀 90 年代出現的多媒體、音視訊、PC 遊戲。2000 年以後出現的網際網路應用、更高級的桌面使用者體驗、巨量資料量的處理等需求，使得人們需要每隔兩三年就更換電腦，以便更進一步地處理應用。而 2010 年以後，PC 上的應用基本定型，即使一兩千元的桌面 CPU 都可以滿足大部分應用的需求，人們覺得這樣的電腦已經 "足夠好" 了，很難再找出新的應用需要升級更高性能的桌面 CPU。只有在手機、雲端運算領域還需要 CPU 性能持續提升，但是也不像以前那樣成為關注焦點了。

第二是 Intel 已經佔據市場中最大百分比，不再急於推出更高性能產品來爭奪市場。Intel 在桌面、伺服器、筆記型電腦產品上的市佔率長期保持在 80% 以上，位居第二的 AMD 只有極少數時間對 Intel 組成挑戰。因此對 Intel 而言，即使用現有性能的晶片也能夠持續贏得客戶。畢竟大多數使用者首先看中的是 Intel 的品牌。

第三是學術領域很多年沒有新的 CPU 突破性理論。在 20 世紀 90 年代管線模型、RISC 系統結構基本確定下來後，CPU 中的科學原理整體上都成熟化了。電腦系統結構學術會議上基本不再有本質上的突破性理論。現在 CPU 的性能提升，無非是在工程細節上 "摳油水"，或是靠先進的製造製程，或是靠 SoC 的 "組合式創新"。做 CPU 成為具有高度工程化、高度工作密集型特徵的工作。沒有先進理論的支撐，CPU 本身的性能提升自然會放緩。

人們對 CPU 性能的關注度從高到低，是技術發展的必然趨勢。2000 年之前買電腦，都要精細計算在 CPU 上面的投入產出比，用現在的術語來說就是計算 "單位價格得到的運算能力"，要找專業的電腦專家詢問 CPU 的型號設定，要考慮電腦做什麼（是只打字上網還是要打電動、做設計），要評估花的錢值不值。而現在絕大多數人買電腦只看品牌、價格、外觀，因為所有銷售的電腦在功能、性能上都差不多，都是足夠好的了。

第**7**節
通用還是專用

CPU 永遠不可能被 GPU 取代。CPU 是機器的主宰，承擔絕大多數通用計算工作。GPU 只是把很少種類的計算使用平行方法，從而算得更快。

——How CPU and GPU Work Together，omnisci 網站

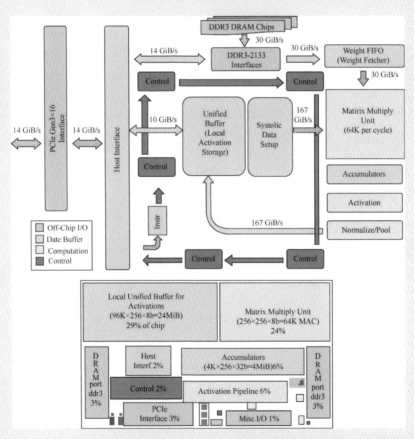

Google 發佈的人工智慧處理器 TPU 的架構圖和晶片佈局（來源：In-Datacenter Performance Analysis of a Tensor Processing Unit，International Symposium on Computer Architecture（ISCA），2017.6）

CPU 和作業系統的關係

▌作業系統是電腦的管理者

作業系統（Operating System，OS）是用來管理電腦資源的軟體。電腦資源包括電腦中所有的硬體、軟體，例如應用程式、記憶體、檔案、輸入/輸出裝置等。作業系統還提供給使用者操作介面，讓使用者更方便地使用電腦。

作業系統也經歷了從簡單到複雜的發展過程。現在的大型作業系統都是超過千萬行程式的巨型軟體工程。

最初作業系統的主要功能是載入應用程式。回顧前文提到的 CHN-1 和 CHN-2 電腦，應用程式一旦在記憶體中確定，那麼整個電腦的功能就固定了。如果想要改變中文字的顯示內容，還需要重新生成記憶體中的程式。

下面我們設計一個可以運行作業系統的電腦 CHN-3，利用作業系統實現程式管理，並且可以給使用者提供操作介面來方便地切換顯示內容，如圖 2.14 所示。

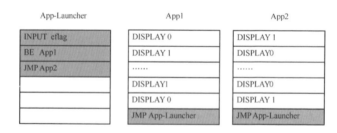

▲ 圖 2.14 帶有作業系統的電腦 CHN-3 儲存的三個程式

（1）CHN-3 的機器指令有以下 4 筆。

- INPUT eflag：這行指令用於接收由輸入裝置傳入的資料。執行這行指令時，使用者按下兩個開關中的，輸入 0 或 1 到標識暫存器 eflag 中。

- BE addr：這行指令實現條件跳躍功能，僅在 eflag 的值為 1 時跳躍到 addr 處，如果 eflag 的值為 0 則不做跳躍。

- JMP addr：這行指令實現跳躍功能，將 addr 的值寫入位址計數器，JMP 指令執行完成後，電腦執行的下一行指令是位於 addr 的指令。

- DISPLAY c：這行指令用來在顯示螢幕上顯示中文字，c 的值為 0 時顯示
  "關"，c 的值為 1 時顯示 "開"。

（2）在記憶體中，同時儲存兩個執行顯示功能的程式。每個程式都是一串
  DISPLAY 指令序列，DISPLAY 指令的參數為 0 或 1，包含了要顯示的中
  文字內容。兩個程式在記憶體中位於不同的起始位址，分別稱為 App1 和
  App2。

（3）在內存中，再增加一個程序 App-Launcher。App-Launcher 包含 3 行指
  令，功能分別是：INPUT 指令讀取使用者的開關輸入；BE 指令如果檢查
  到使用者輸入為 1，則載入執行 App1；如果 BE 指令沒有跳躍，表示使
  用者輸入是 0，則透過 JMP 指令載入執行 App2。

（4）在程序 App1 和 App2 的尾部，分別增加一條指令 JMP App-Launcher，
  實現程式執行結束後再次返回 App-Launcher 程式。

（5）電腦通電時，位址計數器的初值設為 App-Launcher。

App-Launcher 實現了一個最簡單的作業系統的雛形，執行流程如圖 2.15 所
示。電腦開機時首先運行的是作業系統 App-Launcher，使用者透過開關選擇執
行哪個應用程式，這就是最早的 "人機界面" 的概念。App-Launcher 根據使用
者的輸入選擇執行哪個應用程式，這就是最早的 "程式管理" 的概念。

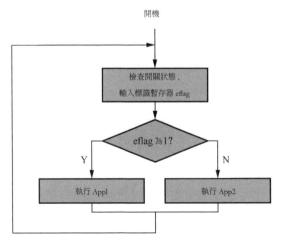

▲ 圖 2.15 CHN-3 上作業系統的執行流程

87

有了作業系統之後，電腦的靈活性上了一個台階。舉例來說，如果要再增加新中文字顯示內容，則不需要修改應用程式 App1、App2，只需要在記憶體中增加新的應用程式 App3，再對 App-Launcher 略做修改，就可以實現在 3 個應用程式中選擇執行。再舉例來說，如果要修改電腦執行 3 個應用程式的呼叫方式，這不是由使用者透過硬體開關來選擇的，而是 3 個應用程式依次自動運行；也可以簡單地修改 App-Launcher 來實現。

從電腦系統結構的角度來看，作業系統是 CPU 和應用程式之間的 "中間層"，對下管理 CPU 等硬體資源，對上提供應用程式的運行平台。

世界上最早的作業系統誕生於 20 世紀 50 年代初期，它在相當長的時間裡就是作為 "任務排程器"（Task Scheduler）在使用。公認的第一台具備作業系統的電腦是 1951 年的 Ferranti Mark 1（見圖 2.16），這也是第一台商業上公開銷售的電腦。

▲ 圖 2.16 Ferranti Mark 1

早期作業系統的巔峰之作是 20 世紀 60 年代 IBM 公司的 OS/360，它實現了多個應用程式的自動載入管理和記憶體的自動分配管理。

1970 年出現的 UNIX 作業系統是一個集大成的里程碑，它除了對應用程式、記憶體進行管理之外，還對檔案、輸入 / 輸出裝置進行了全面管理，基本確定了現代作業系統的核心理論，直到現在 UNIX 仍然是作業系統教學課程的範例。

UNIX 發展史如圖 2.17 所示。現在常用的 Windows、Linux 作業系統裡的核心技術都來自 UNIX。可以說從 UNIX 開始,作業系統讓電腦有了靈魂。

此後,作業系統的人機界面經歷了從命令列到圖形化的轉變。一直到 20 世紀 80 年代,個人電腦上運行的大量磁碟作業系統(Disk Operating System,DOS)還是非常原始簡陋的,用鍵盤輸入命令來執行應用程式。舉例來說,如果要運行某個應用程式,就輸入應用程式的檔案名稱;要刪除一個程式,就輸入 "del" 加上檔案名稱。這要求使用者要學習並記憶命令的名稱和使用方法,導致電腦的使用門檻很高、操作效率很低。

現在我們日常生活中接觸到的電腦,主要採用圖形化的人機界面,例如 Windows 的 "視窗 + 滑鼠",或 Android、iOS 的觸控操作。圖形介面是人類歷史長河中一個了不起的發明,它改變了電腦的面貌,使電腦從專業工具轉變為孩童可用的裝置。

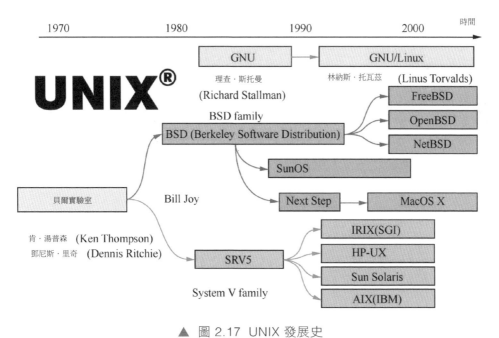

▲ 圖 2.17 UNIX 發展史

什麼是異質計算？

▌ CPU 也像人類社會一樣存在專業分工

異質計算（Heterogeneous Computing）是指不同類型的計算單元合作完成計算任務。每個計算單元採用不同的架構，分別擅長處理某一種類型的計算任務。整個計算任務分解為小的單位，分別交給適合的計算單元來處理。

異質計算已經是成熟的架構，其基於兩個本質思想。

- 一個本質思想是 "專人幹專事"。計算任務有非常多種，以前電腦中只有一個通用處理器，運行通用的作業系統，"通用" 的意思就是什麼都能做。人們在實踐中發現，可以把一些專門的工作獨立出來，針對這種工作設計專用處理器，這些特定的場景包括數位訊號處理、3D 圖形繪製、人工智慧演算法等。專用處理器是為了這種特定的工作設計的最佳晶片架構，在執行效率上遠遠高於通用處理器，也有利於降低功耗和縮小晶片面積。

- 另一個本質思想是 "把原來軟體做的事，交給硬體來做"。在通用處理器上，具體功能由軟體來實現。而軟體由一段指令序列組成，CPU 一行行地執行這些指令，一個較為複雜的功能往往需要多行指令，導致一個軟體的執行時間與指令的數量成正比，需要佔用大量運算速度才能完成一項計算任務。專用處理器可以把這樣的功能透過一組電路來實現，用硬體實現等於使用軟體執行多行指令的功能，而整體執行時間遠遠少於用軟體實現的執行時間。

異質計算的典型例子是圖形處理器（Graphics Processing Unit，GPU）。舉例來說，如果要在電腦螢幕上顯示一條線段，因為 CPU 的每一行指令只能顯示一個點，所以要執行的指令筆數就是線段中包含的點的數量，這樣顯然是很慢的。為了加快圖形的顯示速度，可以設計一個專門用於顯示圖形的處理器（即GPU），CPU 和 GPU 之間定義協作介面，CPU 只需要告訴 GPU 一條線段的兩個端點的座標，然後由 GPU 轉換成線段上每一個點的座標，再發送給顯示器進行顯示。

這樣的 GPU 可以基於非常簡單的結構，但是顯示圖形的速度可以是通用處理器的上百倍甚至更高。最早的 GPU 直接以硬體方式顯示直線、矩形、圓形這些幾何圖形，稱為 "2D 硬體加速" 功能，後來又支援立體圖形的 "3D 加速" 功能，以及播放高畫質視訊等 "視訊硬解碼" 功能。甚至像在螢幕上顯示滑鼠指標這件 "小事情"，由於每台電腦上都要執行，現在也是由 GPU 而非 CPU 來做了。

在現在的電腦上，如果使用媒體播放軟體播放一段高畫質視訊，可以看到 CPU 的執行負載往往不到 5%，就是因為 GPU 分擔了絕大部分和顯示相關的計算任務。

專用處理器有哪些？

▌圖形、網路、硬碟、音訊功能都由輔助處理器完成

現在的電腦架構都是一個通用處理器加上若干個專用處理器。專用處理器在架構設計上完全不同於 CPU，但是在電腦中的數量遠遠超過通用處理器。

桌上型電腦中常見的專用處理器有圖形處理器（Graphics Processing Unit，GPU）、網路處理器（Network Processing Unit，NPU）、音訊處理器（Audio Processor）、硬碟控制器（Hard Drive Controller），這些專用處理器都是獨立工作的硬體，分別承擔了圖形處理、網路傳輸、音訊輸出、硬碟讀寫等功能，在 CPU 的指揮和排程下協作工作，因此專用處理器還有一個名稱 "輔助處理器"，如圖 2.18 所示。

在用於科學計算、訊號處理的電腦上，經常使用數位訊號處理器（Digital Signal Processor，DSP）。

在智慧型手機上的專用處理器數量更多。隨著 AI 技術在行動計算中的普及，手機中開始加入用於 AI 演算法處理的神經網路處理器（Neural-network Processing Unit，NPU）等。

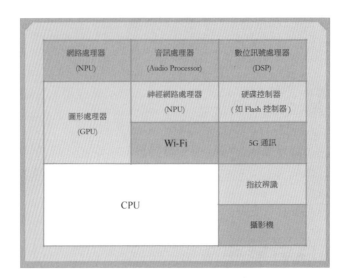

▲ 圖 2.18 CPU 和專用處理器的協作工作

通用處理器也可以差異化

▍ "性能強" 和 "功耗低" 的晶片搭配使用

除了 "通用處理器 + 專用處理器" 的協作方式,還可以採用在一台電腦上安裝不同的通用處理器來協作工作的方式,取得功耗和性能的最好平衡。

ARM 公司的 Big.little 架構在一個晶片中整合兩種 CPU 核心,一種性能高、功耗高,另一種性能低、功耗低。Big.little 架構適用於像手機這種應用場景多樣化又對功耗極其敏感的裝置。如果手機需要運行高性能的應用就分配到 "Big" 的 CPU 核心上運行,例如遊戲、複雜網頁繪製等;如果手機只是運行輕量級任務應用則分配到 "little" 的 CPU 核心上運行,例如打電話、發訊息、聽音樂等。Big.little 架構可以有效延長行動裝置的使用時間,在手機等產品中得到廣泛應用。

第 **8** 節
飄蕩的幽靈：後門和漏洞

早在 20 世紀 70 年代中期，美國南加州大學就提出了保護分析計畫（Protection Analysis Project），主要針對作業系統的安全性漏洞進行研究，以增強電腦作業系統的安全性。

——軟體安全性漏洞挖掘的研究想法及發展趨勢，

文偉平，吳興麗，蔣建春，2009

Severity	CVE Description
High	Failure to validate the communication buffer and communication service in the BIOS may allow an attacker to tamper with the buffer resulting in potential SMM arbitrary code ex
High	Insufficient input validation in SYS_KEY_DERIVE system call in a compromised user application or ABL may allow an attacker to corrupt ASP (AMD Secure Processor) OS memory w
High	Insufficient bounds checking in ASP (AMD Secure Processor) firmware while handling BIOS mailbox commands, may allow an attacker to write partially-controlled data out-of-bou and availability.
High	A potential vulnerability in AMD System Management Mode (SMM) interrupt handler may allow an attacker with high privileges to access the SMM resulting in arbitrary code exec provided in the UEFI firmware.
Medium	Failure to verify the mode of CPU execution at the time of SNP_INIT may lead to a potential loss of memory integrity for SNP guests.
Medium	Insufficient validation in ASP BIOS and DRTM commands may allow malicious supervisor x86 software to disclose the contents of sensitive memory which may result in informatio
Medium	Insufficient fencing and checks in System Management Unit (SMU) may result in access to invalid message port registers that could result in a potential denial-of-service.
Medium	Failure to validate inputs in SMM may allow an attacker to create a mishandled error leaving the DRTM UApp in a partially initialized state potentially resulting in loss of memory i
Medium	Insufficient validation of address mapping to IO in ASP (AMD Secure Processor) may result in a loss of memory integrity in the SNP guest.
Medium	Insufficient checks in SEV may lead to a malicious hypervisor disclosing the launch secret potentially resulting in compromise of VM confidentiality.
Medium	A randomly generated Initialization Vector (IV) may lead to a collision of IVs with the same key potentially resulting in information disclosure.
Medium	Insufficient bounds checking in SEV-ES may allow an attacker to corrupt Reverse Map table (RMP) memory, potentially resulting in a loss of SNP (Secure Nested Paging) memory i
Medium	Insufficient input validation in SVC_ECC_PRIMITIVE system call in a compromised user application or ABL may allow an attacker to corrupt ASP (AMD Secure Processor) OS memor
Medium	Insufficient input validation during parsing of the System Management Mode (SMM) binary may allow a maliciously crafted SMM executable binary to corrupt Dynamic Root of Tr potential denial of service.

AMD 於 2023 年 1 月 17 日釋出 31 個 CPU 的漏洞（來源：AMD）

什麼是 CPU 的後門和漏洞？

漏洞是能力問題，後門是態度問題

CPU 是一種高度複雜的產品，人們在設計 CPU 時可能有意或無意地引入非正常的功能，導致 CPU 存在後門（Backdoor）或漏洞（Vulnerability）。後門或漏洞都會破壞 CPU 的正常功能，違背 CPU 的安全性要求。

很多資料對這兩個概念不加區別地使用，實際上這兩者有完全不同的含義。

後門是指能夠繞過正常的安全機制的方法。後門通常是設計者有意安排的，但是沒有在 CPU 的產品資料中作為正常功能進行公佈。後門可以認為是一種 "有意設下的秘密通道"。

漏洞是指在 CPU 的設計中存在的一種缺陷，可以被攻擊者利用來實現非正常的功能。漏洞通常是設計者產生的疏忽，沒有在測試階段被檢查出來，直到投入市場後才被外界發現。漏洞可以認為是一種 "不小心造成的隱憂"。

使用有後門和漏洞的 CPU 會對資訊系統的安全組成巨大的威脅。

誰造出了後門和漏洞？

任何測試方法都不能找出所有漏洞

常見的後門包括以下幾種情形。

- CPU 存在未公開的介面來收集使用者資訊。CPU 的設計者為 CPU 專門定義了一些功能介面，本意是在研製 CPU 時用來獲取 CPU 內部狀態，方便偵錯和改進。正常來說，這些功能介面應該在銷售的 CPU 中禁用，但是由於設計者希望在將來的電腦中收集使用者的運行資訊，因此故意保留了這些介面，又沒有在產品文件中說明這種功能介面的存在。一旦使用者的電腦上安裝了這些 CPU，則這些功能介面有可能在使用者不知情的條件下收集 CPU 的內部運行資訊，洩露使用者隱私。這就是一種典型的後門。

- CPU 存在未公開的介面來實現惡意控制。CPU 的設計者為 CPU 專門定義了一些功能介面，可以透過網路進行遠端控制，使電腦執行某種惡意的操作，例如異常關機、強行刪除檔案資料等。使用者購買 CPU 時並不知道 CPU 有這樣的後門，一旦在電腦上使用，則存在被攻擊的風險。

常見的漏洞包括以下幾種情形。

- CPU 中採用先進的最佳化設計，使 CPU 的結構更複雜，也使缺陷的產生機會成倍增長。人在設計的過程中很容易犯錯，越是複雜的工程產品越容易發生設計上的缺陷。即使是經過很多工程師的檢查，也有可能存在未被發現的缺陷。一款新上市的 CPU 往往會集中顯現出多個漏洞，需要多次改版才能消除，甚至有的漏洞會在 CPU 中存在幾十年才被發現。

- 測試是保證 CPU 功能的唯一手段，但是測試無法發現所有的漏洞。軟體工程中有一條基本原理——窮盡測試是不可能的，這條原理同樣適用於 CPU。理論已經證明，由於 CPU 的執行邏輯和輸入資料的組合是無限的，因此不可能靠有限的測試用例來實現完全的覆蓋。再加上測試用例也是由人設計的，測試用例本身也可能是有缺陷和不足的。所以測試只能證明"暫時沒有發現產品有新的漏洞"，而永遠不能證明"產品沒有漏洞"。

典型的 CPU 後門和漏洞

▌現實情況是有漏洞的 CPU 不在少數

後門和漏洞與 CPU 如影隨形。

- 2018 年威盛 C3 處理器疑似後門事件。

威盛公司是一家生產 x86 相容 CPU 的企業。2018 年，安全領域 Black Hat 大會上的一篇論文 Hardware Backdoors in x86 CPU 揭露了威盛公司 C3 處理器的後門。該論文作者分析了威盛公司註冊的多項專利檔案，從每項專利檔案中找到威盛公司處理器的一些內部原理的描述，再把多項專利檔案中的資訊部分串聯起來，經過大量的摸索嘗試，發現在 C3 處理器中存在一行未公開的指令，可以使程式突破正常的安全限制，獲取最高許可權。作者的測試結果證明這行指令確實存在。而威盛公司沒有正面表態此指令是否為有意設定的後門。

- 2016 年的 Meltdown 和 Spectre 漏洞影響全球大量 Intel、ARM 處理器。

現代高性能處理器都會使用一些共通性的最佳化設計方法，例如管線、快取、亂數執行、轉移猜測等。這些方法交織在一起，極大地提高了 CPU 的複雜度，也埋下了產生設計缺陷的種子。研究者發現只要滿足一些組合條件，就可以透過執行正常的指令來獲得非法許可權，造成資料洩露風險。Meltdown 和 Spectre 漏洞（見圖 2.19）由 Google 安全團隊 ProjectZero 等機構發現後報告給 Intel，很快得到確認。令人震驚的是，這兩個漏洞利用的都是近 30 年間普遍使用的 CPU 基本原理，而在相當長的時間內沒有人意識到這兩個漏洞的存在。

▲ 圖 2.19 Meltdown 和 Spectre 漏洞

Intel 公佈的受漏洞影響的 CPU 型號列表中，CPU 總數達到 2300 種，甚至有 1994 年發佈的 Pentium，還包括後來推出的 1~8 代的酷睿、幾乎所有的 Xeon（至強）處理器。ARM 處理器則是從 2005 年發佈的 Cortex-A8 直到最新的 Cortex-A77 均受漏洞影響。

- 2017 年 11 月 20 日，Intel ME 漏洞引發業界關於電腦隱私規則的爭論。

事情的起因是 Intel 發佈了編號為 Intel-SA-00086 的韌體更新公告，用於修復 Intel 管理引擎（Intel Management Engine，Intel ME）的漏洞。ME 是在 x86 電腦中獨立於 CPU 的模組，本身包含一個微型的 CPU 和作業系統，還能夠與網路卡等模組進行通訊，用途是實現獨立於 CPU 的電腦管理和維護功能，例如遠端開機，監測電腦運行狀態，在電腦有問題時進行遠端維修等。

實際上 Intel 在 2009 年就已經公開了 ME，只是由於這則公告才引發人們對 ME 的廣泛關注。大家關注的焦點在於，ME 為電腦增強了管理能力，但是如果 ME 存在漏洞，則擁有的強大權力就會被外界攻破，整個電腦毫無安全性可言。Intel-SA-00086 公告已經證明了 ME 確實曾經存在漏洞，這表示 x86 電腦曾經處於隱私洩露風險中。

ME 漏洞嚴格來說是影響整個電腦的漏洞，不是 CPU 本身的漏洞。Intel 提供了在電腦的 BIOS 設定中選擇關閉 ME 的方法。

是否採用 ME，本質上屬於在方便性和安全性之間的選擇問題。無論是站在天平哪一端都有對應的理由。關於 ME 的爭論仍在延續。

作業系統怎樣給 CPU 系統更新？

▍系統更新是一種 "頭痛醫頭、腳痛醫腳" 的方法

給作業系統系統更新是解決 CPU 漏洞的常用方法。對於已經銷售的 CPU，如果發現有嚴重漏洞，不可能再做硬體修改，又不能一夜之間廢棄掉，則可以在作業系統中透過軟體的修改來避開漏洞，防止 CPU 漏洞對資訊系統的安全產生影響。

電腦使用者如果啟用了作業系統的線上升級機制，經常會收到更新推送通知，其中有的就用於修正最新發現的 CPU 漏洞。

常用的系統更新的方法有以下兩種。

一是改變 CPU 的工作模式，在保證功能正常的條件下避開漏洞的觸發條件。

二是關閉 CPU 的一些最佳化特性，避開漏洞執行機制，但是這往往會犧牲性能。像 Intel 提供的針對 Meltdown 漏洞的軟體更新會降低 40% 的性能。

作業系統系統更新總會有降低性能、不能根治的弊端，最妥善的方法還是從 CPU 硬體上修復漏洞。

在哪裡可以查到 CPU 的最新漏洞？

▌資訊越公開，越有助於資訊安全

國際著名的安全性漏洞資料庫是 "通用漏洞揭露"（Common Vulnerabilities and Exposures，CVE），如圖 2.20 所示。CVE 漏洞資料庫由很多資訊安全相關機構組成的非營利組織進行聯合維護，組織成員來自企業、政府和學術界。只要是已經發現的漏洞，CVE 都負責進行標準化的命名、編號，形成一個漏洞資料庫，即時發佈險情公告和修補措施。

▲ 圖 2.20 CVE 漏洞資料庫

CVE 是國際權威的漏洞資料庫，也是資訊安全領域的權威字典，是事實上的工業標準。

CVE 漏洞資料庫可以在網際網路上公開檢索，使電腦使用者能夠更加快速地鑑別、發現和修復電腦產品的安全性漏洞。

CVE 列表中的每一個項目都被分配了唯一的編號，編號格式是 "CVE- 提交年度 - 流水號"。舉例來說，CVE 建立於 1999 年，所以 CVE 收錄的第一個問題編號是 CVE-1999-0001。這個問題是 BSD 系列 TCP/IP 協定層的 ip_input.c 檔案中存在的拒絕服務攻擊漏洞，可以透過向 "受害" 主機發送一種特定的網路資料封包，使 "受害" 主機崩潰或停機。

CPU 中發現的漏洞也會收錄到 CVE 中。Meltdown 漏洞對應 CVE-2017-5754（亂序執行緩存汙染），Spectre 漏洞對應 CVE-2017-5753（邊界檢查繞過）與 CVE-2017-5715（分支目標注入）。

當然，還有其他一些漏洞資料庫，但它們都會把 CVE 作為一個輸入來源，這些漏洞資料庫會即時同步 CVE 的新增項目。其他漏洞資料庫舉例如下。

- 美國國家漏洞資料庫 (U.S. National Vulnerability Database，NVD)。

- 中國國家資訊安全性漏洞資料庫（China National Vulnerability Database of Information Security，CNNVD）。

- 中國國家資訊安全性漏洞共用平台（China National Vulnerability Database，CNVD）。

此外一些大的安全軟體廠商也都會維護自己的安全性漏洞資料庫，例如賽門鐵克。

Intel 自己也有專門的安全中心，收錄 Intel 處理器產品的漏洞資訊。例如編號為 INTEL-SA-00086 的漏洞是安全研究人員於 2017 年 12 月公開的一組針對 IntelME 各種實現的漏洞。

怎樣減少 CPU 的安全隱憂？

▊ 提高自己的技術能力才能增強資訊安全水準

CPU 的安全隱憂包括後門和漏洞，這兩者的性質不同，應對方法也不相同。

後門屬於"態度"問題，漏洞屬於"能力"問題。

- 加強法規制度、提高企業自律、完善管理流程，使企業加強"不做惡"的意識，能夠在很大程度上消除後門。

- 漏洞是工程產品發展過程中固有的屬性，是不可能透過人力完全消除的。

"開放原始程式碼"的軟體哲學對 CPU 也有一定啟示。開放原始程式碼的軟體能夠經受全世界人們的檢驗，如果有漏洞則更容易發現。如果只有企業自己掌握原始程式碼，則只能靠企業自己的測試團隊來找出漏洞。CPU 也是如此，如果 CPU 能夠把設計資料開放出來，能夠 "放在陽光下" ，那麼可以匯集全球工程師的力量來提高這款 CPU 的安全性，這樣是能夠縮短漏洞的發現和解決週期的。

"讓所有 CPU 開放原始碼" 目前還只是一個美好的願景。由於 CPU 是企業最寶貴的設計成果，商業主流高端 CPU 很少有開放原始碼的意願，因此像 Intel、ARM 這樣的公司如果發現產品有漏洞，只能等待原廠來改版、推出新型號，這樣時間就會很長。

自主研製 CPU 是保證資訊安全的必要工作。資訊系統大量採用國外 CPU，包括電腦、伺服器、手機、工業控制等各個領域。事實上，很多國外 CPU 都發現過後門和漏洞。問題在於，拿到一款國外的 CPU，如同面對一個黑盒子，無法用外部測試方法來證明一個 CPU 是否包含後門和漏洞。所以說，最危險的事情不是發現 CPU 有後門，而是你根本無法判斷 CPU 是否有尚未發現的後門。

所以，要想不受制於人，唯一的辦法就是自己掌握核心技術，自己會研製 CPU，自己的電腦使用自己的 CPU，才能消除外來的隱憂，自己說了算，而非別人給什麼就只能用什麼。

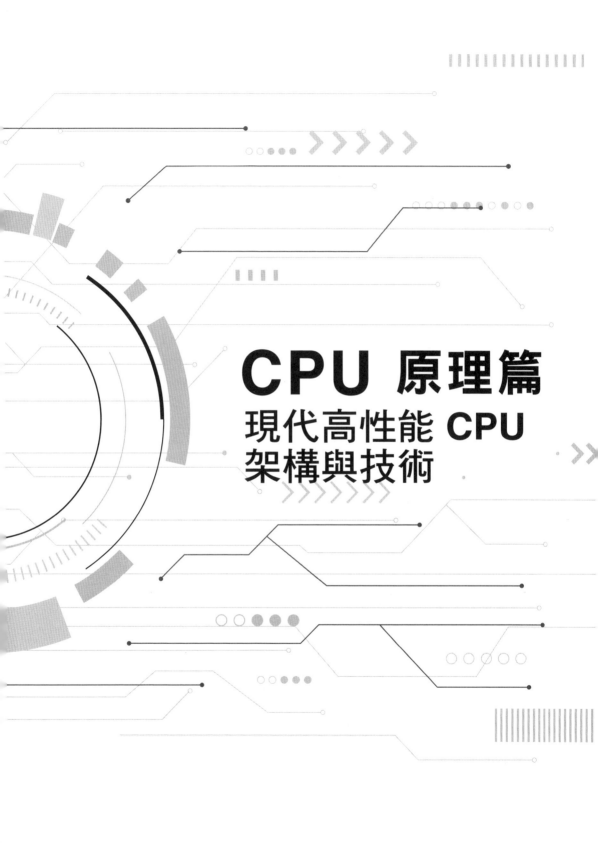

CPU 原理篇
現代高性能 CPU
架構與技術

第 **1** 節
理論基石

可能沒有比布林代數更簡單的運算了。它不僅把邏輯和數學合二為一,而且給了我們一個看待世界的全新角度,開創了今天數位化的時代。

——《數學之美》,吳軍

1642 年,年僅 19 歲的法國數學家、物理學家、哲學家布萊茲·帕斯卡(Blaise Pascal,1623—1662)發明了一種機械電腦,可進行加減乘除四種運算,史稱"帕斯卡電腦"。

CPU 的 3 個最重要的基礎理論

▍CPU 是數學、電子、電腦科學的交叉結晶

專業的 CPU 設計人員需要學習以下 3 個最重要的基礎理論。

- 布林代數（Boolean Algebra）。布林代數研究二進位資訊的表示和運算，是現代數位電腦的理論基礎，是數學和電腦之間的交叉點。1847 年，英國數學家喬治·布爾在小冊子《邏輯的數學分析》中介紹了布林代數，這是一門歷史性非常強的學科，也是在幾百年間影響世界的重要數學理論。

- 數位電路設計（Digital Circuit Design）。數位電路是指使用 0、1 的二進位邏輯來設計電路的科學。CPU 就是一個數位電路，CPU 對外的接腳上都是採用低、高兩種電位來分別代表 0、1 訊號，CPU 內部也是採用數位電路模組來計算、儲存、傳送二進位訊號。

- 電腦系統結構（Computer System Architecture）。電腦系統結構說明整個電腦的原理，包括兩方面，一方面是電腦的組成模組，另一方面是模組之間的連接關係。CPU 是電腦系統結構的重要內容，承載了電腦系統最複雜的設計。

研製 CPU 有哪些階段？

▍CPU 團隊初步細分就有 10 多種職位

CPU 是一個高度複雜的積體電路，開發團隊往往有幾百人，從設計到生產有精細的管理分工。CPU 研製流程如圖 3.1 所示。

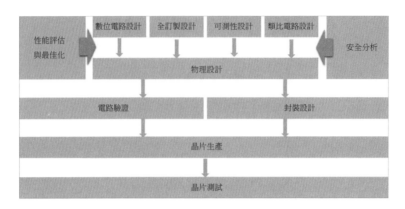

▲ 圖 3.1 CPU 研製流程

CPU 研製團隊有以下職位。

- 數位電路設計（Digital Circuit Design）。設計 CPU 的數位邏輯，一般採用
  積體電路硬體描述語言。這是一種現在的數位電路設計普遍採用的類似軟體
  程式設計的描述語言，能夠高效、方便地描述數位電路的功能。舉例來說，
  許多 CPU 採用的是常用的 Verilog 語言，這種語言的語法元素是邏輯閘、
  數位邏輯、時序邏輯。高級一點的 CPU 的原始程式碼可能就有幾十萬行的
  Verilog 程式。

- 物理設計（Physical Design）。物理設計是確定電路中的每一個元件在晶片
  中的實際位置。元件包括電晶體、電容、電阻、電感，以及它們之間的連線
  等。物理設計還要進行時序分析，即考慮電信號在每個元件和每個連線上傳
  輸的最小時間，以此確定 CPU 運行的最高主頻。物理設計的輸出是針對某種
  CMOS 半導體製程形成積體電路佈局檔案，然後交給流片廠進行生產。

- 全訂製設計（Full-custom Design）。這是指設計人員完成所有電晶體和互
  連線的詳細積體電路佈局，可以稱為 "電晶體層面" 導向的電路設計。全訂
  製設計不使用 Verilog 等積體電路硬體描述語言，而是手工排列每一個電晶
  體，因此能達到較高的性能，代價是會耗費更多的人力和時間。全訂製設計
  經常用於實現 CPU 中對性能要求最高的模組，例如暫存器堆積等。

- 可測性設計（Design for Testability，DFT）。可測性設計是在 CPU 中增加一些專門用於測試的電路介面。因為 CPU 非常複雜，在測試時不僅要驗證 CPU 對外介面的功能，還需要收集 CPU 內部的運行狀態，所以需要在設計 CPU 時提供一些可以控制電路和觀察電路的專用介面。在 CPU 設計出現問題時，這些專用介面也可以方便排除錯誤原因。

- 性能評估與最佳化（Performance Evaluation and Optimization）。CPU 企業往往有專門人員研究 CPU 性能的提升方法。一是追蹤學術界新出現的最佳化技術，將其納入本企業的 CPU 中。二是對本企業已經生產的 CPU 進行迭代最佳化，根據其在實際應用中的性能表現進行評估，找出性能瓶頸並提出解決方法，從而在下一個型號中提升性能。

- 安全分析（Security Analysis）。CPU 企業設定專門人員研究 CPU 安全問題，追蹤業界曝出的漏洞、後門，並在設計過程中避開這些風險。同時，對於本企業已經發售的 CPU，證實存在漏洞的，即時發佈風險公告，配合作業系統推出升級更新等修補方法。

- 電路驗證（Verification）。在 CPU 生產之前證明或驗證 CPU 的設計方案確實滿足了預期功能。電路驗證用於找出設計缺陷，防止有問題的 CPU 進入半導體生產線。電路驗證有專門的模擬平台，例如在現場可程式化邏輯閘陣列（Field Programmable Gate Array，FPGA）平台上運行 CPU 的 Verilog 設計原始程式碼，可以模擬 CPU 生產出來的晶片的功能。

- 類比電路設計（Analog Circuit Design）。CPU 中會有極少量模組使用類比電路，例如溫度感測器、一些外接裝置控制介面等。處理器晶片以數位電路為主，類比電路只佔很少比例。因此在 CPU 研製團隊中，類比電路設計的工作量一般會少於數位電路設計。

- 封裝設計（Packaging）。CPU 的半導體晶片使用一種絕緣的塑膠或陶瓷外殼進行封裝。封裝後的晶片與外界隔離，可防止晶片因為與空氣中的雜質、水分等接觸而發生腐蝕，也更便於安裝和運輸。封裝設計工作需要考慮的有 CPU 外殼的尺寸、材料等。

■ 測試（Testing）。對生產完成的 CPU 進行測試，篩選出滿足品質要求、可以銷售的成品。這個階段測試的是生產出來的晶片成品，因此也稱為 "矽後測試"。

上面的這些職位組合起來，就是一個完整的 "專用積體電路"（Application Specific Integrated Circuit，ASIC）設計流程。

學習 CPU 原理有哪些書籍？

▍3 本經典書籍的厚度都超過了 5cm

3 本電腦經典著作（見圖 3.2）使用大篇幅講解 CPU 原理。

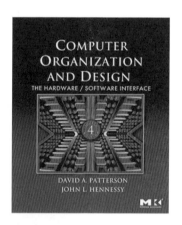

▲ 圖 3.2　電腦經典著作

■ 《電腦系統結構：量化研究方法》，堪稱電腦系統結構學科的 "聖經"。作者之一約翰·亨尼斯（John L. Hennessy）被譽為 "矽谷教父"，曾任史丹佛大學校長，他在 1981 年發起 MIPS 架構專案，並創辦了 MIPS 科技公司。另一位作者大衛·A. 派特森是加州大學柏克萊分校電腦科學系教授，研製的 RISC 架構後來成為 SPARC 的基礎，SPARC 是在 20 世紀 90 年代取得廣泛應用的一種 RISC 架構。2017 年，兩人共同獲得電腦界的最高獎項——圖靈獎。

■ 《計算機組成與設計：硬體 / 軟體介面》，作者仍然是約翰·L. 亨尼斯和大衛·A. 派特森兩位教授。這本書的特點是從整體角度說明硬件和軟體的協作關係。可以說前一本更 "硬" 一些，這本更 "軟" 一些。

■ 《深入理解電腦系統》。這一本是 3 本書裡最 "軟" 的，可以作為程式設計師了解電腦系統的最佳選擇。特點是對電腦專業的多門課程進行了概論，在一本書裡包括了電腦原理、作業系統、組合語言、編譯原理、程式演算法、網路原理的精髓，並講清楚了這些課程之間的互動關係。讀者讀完之後能夠 "既見樹木，又見森林"，將知識融會貫通。

上面的幾本書主要針對電腦專業工作者，對普通大眾未免太過艱深難讀。一些淺顯易讀的入門書可以作為進入 "CPU 聖殿" 的鋪路石。

《CPU 自製入門》是日本工程師撰寫的，使用不到 5000 行程式實現了一個簡單的 RISC 管線 CPU 原型，適合喜歡動手實操的 CPU 同好。

值得關注的是，中文地區原創的 CPU 自製書籍有增多的趨勢，這從側面反映了中文地區 CPU 工程師的水準在不斷提升。舉例來說，《一步步教你設計 CPU——RISC-V 處理器》說明了一款商業 RISC-V 嵌入式處理器的程式原理，《自己動手寫 CPU》設計了一款相容 MIPS 指令集架構的 32 位元處理器（OpenMIPS），《步步驚 "芯"：軟核心處理器內部設計分析》介紹了一款成熟的軟核心處理器 OpenRISC 的設計。

為什麼電路設計比軟體程式設計更難？

▌軟體程式設計喜歡追新潮，電路設計好比老中醫

電路設計比軟體程式設計更難，主要有以下 3 個原因。

第一，軟體程式語言比硬體描述語言更方便使用。

軟體程式語言發展迅速，描述能力強大，把電腦中的複雜原理都隱藏起來，語法類似於自然語言。現在中小學生都能學習 Java、Python 語言來開發應用程式。而硬體描述語言改朝換代遲緩，像現在常用的 Verilog 還是 20 世紀 80 年代的產物。

硬體描述語言的描述能力相對較低，需要程式設計人員掌握數位電路的全部知識才能進行設計，開發效率和軟體程式設計相比低很多，大概位於組合語言和 C 語言之間，遠遠低於 Java、Python 語言。

第二，電路系統的複雜程度高於軟體系統。電路系統是網狀結構，而軟體系統是樹形的分層結構。

從系統論的角度，一個系統的複雜度不僅取決於模組的數量，還取決於模組之間的呼叫關係。

軟體系統很容易分解為多個獨立的模組。由多個小模組聚合成更大的模組，一層層向上組合來組成整個軟體系統。每個模組都可以獨立地測試來保證功能正確。這就是 "高內聚、低耦合" 的軟體架構設計思想。在這樣的系統中，模組之間的呼叫關係簡單。

而電路系統為了追求高性能，模組之間往往採用高度的耦合關係，形成網狀結構，每一個模組都和其他模組之間有複雜的呼叫關係，且各模組之間平行工作。處理器核心微結構顯示出緊密耦合的 "網狀結構" ，如圖 3.3 所示。這可謂是一種 "千軍萬馬" 的設計方式。

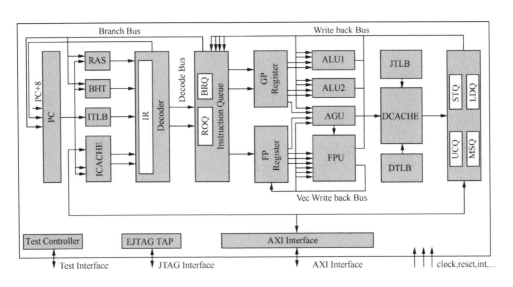

▲ 圖 3.3 處理器核心微結構顯示出緊密耦合的 "網狀結構"

從根本上講，電路系統很難像軟體系統一樣用 "複雜問題分而治之" 的手段來降低複雜度。所以，電路設計工作在很大程度上對個人能力要求更高，一個人的頭腦中要同時裝下更多資訊。這也造成了培養電路設計工程師要比培養軟體工程師需要的時間更長。

第三，電路系統中存在大量 "有狀態" 模組，複雜程度高於 "無狀態" 的軟體模組。

"無狀態" 是指一個模組的輸出僅由輸入決定，內部不具有儲存功能。無狀態模組的特點是 "固定的輸入產生固定的輸出" ，這樣的模組非常便於設計和測試。在對模組進行單元測試時，只要輸入資料足夠豐富、輸出資料符合預期，就能保證這個模組的實現是正確的。

現在的軟體開發強烈推薦採用 "無狀態" 的模組，具體實現方式就是在撰寫函數時不要使用全域變數。在網際網路系統中，Web Service 架構也是這種思想，網站由大量功能模組提供服務，每個功能模組只執行資訊處理功能，對於資料儲存功能則交給專門的資料庫系統處理。

而電路系統為了提高性能，沒有把"資訊處理"和"資訊儲存"兩個功能進行切分，很多電路模組都會帶有資訊儲存的邏輯，成為一種"有狀態"的模組。"有狀態"模組的輸出不僅由輸入決定，還取決於內部儲存的資訊狀態，也就是電路內部"記憶"的資訊。在對"有狀態"的模組進行單元測試時，輸入資料的規模需要增大很多倍，另外還要考慮時間維度，也就是輸入資料按不同的先後次序進行時都要保證模組功能正常。總之，"有狀態"的模組非常難以設計和測試。

EDA 神器

EDA 進入華人市場的最大意義，是使得華人地區積體電路設計工具開始與世界接軌，結束了過去依靠半手工半自動化的 CAD（電腦輔助設計）時代。設計工具的改善，使得我們在設計手段方面開始向世界水準靠近，也在一定程度上提高了我們的積體電路設計水準。

——半導體行業觀察，2020 年

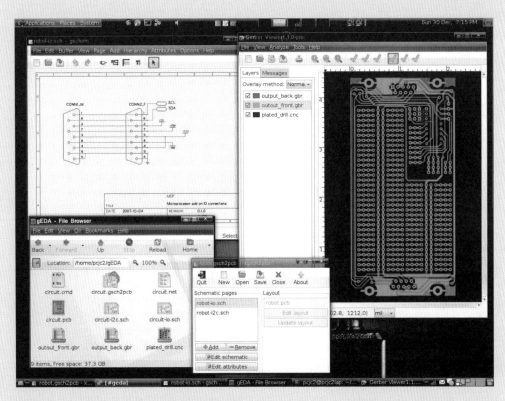

某 PCB 生成軟體的畫面（來源：維基百科）

CPU 的設計工具：EDA

▎ EDA 是電路設計人員每天使用的工具

電子設計自動化（Electronic Design Automation，EDA）是 CPU 的設計軟體，能夠將設計複雜積體電路的重複性工作交給電腦軟體來自動完成（見圖 3.4）。

很多類似的電腦軟體都是用來簡化設計人員的工作的，這些軟體統稱為 "生產力軟體"。舉例來說，辦公軟體 Office 用來提高人們撰寫文章、書籍的效率，影像處理軟體 Photoshop 用來提高作圖效率，還有很多建築設計軟體用來提高人們畫建築圖的效率。可以想像，這些軟體節省了大量的設計階段，成為不可缺少的工具。

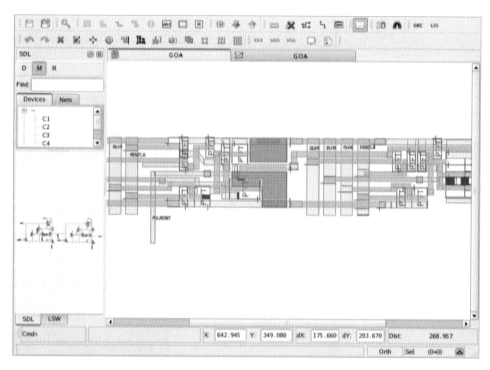

▲ 圖 3.4　在 EDA 中設計電路

EDA 有兩大主要功能:一個是設計,另一個是驗證。

- EDA 是對電路進行自動佈局、佈線的設計軟體。EDA 軟體起源於 20 世紀 70 年代中期。現在的工程師使用 EDA 來設計 CPU 時,只需要使用 Verilog 程式描述數位電路的邏輯功能,剩下的工作就是使用 EDA 來自動轉換成電晶體的佈局、自動排列電晶體之間的連線。EDA 還提供時序分析、封裝設計、功耗分析等各種功能。

- EDA 還包含一個重要功能,就是提供 CPU 設計程式的驗證平台。在流片之前對設計程式進行各種自動化的檢查,找出設計程式中的 bug。甚至可以載入設計程式,像真正的 CPU 一樣模擬運行。這種模擬運行稱為 "模擬",使設計者可以觀察 CPU 的執行過程和輸出結果,保證設計程式的正確性。

哪些國家能做 EDA ?

▌EDA 是晶片產業 "皇冠上的明珠"

全球的 EDA 軟體市場中,美國產品百分比在 95% 以上,主要廠商是 "三巨頭",即新思科技(Synopsys)、鏗騰(Cadence)、明導(Mentor)。

EDA 是晶片之母,是晶片產業設計最上游、最高端的行業軟體,可以稱為晶片產業 "皇冠上的明珠"。EDA 屬於高複雜度的工程產品,其原始程式碼規模不低於 CPU、作業系統,也是屬於需要多年累積的高門檻產品。用於設計 CPU 的高端 EDA 價格貴得出奇,像 Mentor 的產品價格可以高達一年幾千萬美金,這也成為 CPU 設計成本中不可忽視的一部分,小公司根本負擔不起。

有沒有開放原始碼的 EDA ？

▌簡單晶片可以使用開放原始碼 EDA 設計

在開放原始碼寶庫中也有很多 EDA，可以實現低端 CPU 的設計。在學習 CPU 的過程中，可以使用開放原始碼 EDA 架設一個免費的 CPU 設計環境，完成很多嵌入式和控制類 CPU 的設計，足夠掌握基本的 CPU 原理。

在設計階段，使用任何文字編輯器都可以撰寫 Verilog 程式。Verilog 程式儲存在純文字檔案中。一般是每一個模組儲存一個檔案，整個 CPU 的設計程式分解為很多個檔案，合起來稱為一個 "專案"（Project）。

在驗證階段，推薦一個開放原始碼模擬器軟體 iverilog。iverilog 的執行過程是 "先編譯，然後運行"。它首先讀取 CPU 專案的 Verilog 描述程式，轉換成實際的數位電路，再進行模擬運行，顯示出 CPU 電路的狀態變化。CPU 電路的狀態表現在各模組中的 0、1 值的變化，可以採用另一個工具 gtkwave 進行查看，0、1 值隨時間的變化很像是波浪的高低起伏，因此這個步驟也稱為 "看波形"，如圖 3.5 所示。

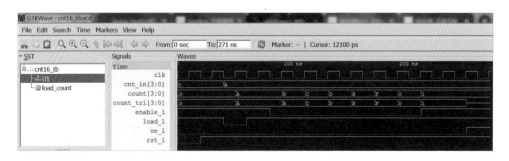

▲ 圖 3.5 在 gtkwave 中查看電路波形

使用 iverilog 可以完成大部分 CPU 原理教學書籍的設計實驗。

像寫軟體一樣設計 CPU：Verilog 語言

▎ Verilog 對電路設計工程師的意義，就像 C 語言對軟體工程師的意義

Verilog 是用於數位電路設計的語言。Verilog 能夠使用抽象的語法描述電路的外在功能，而不需要描述電路實現的全部細節。

使用 Verilog 設計電路的優點是能夠簡化設計工作量，使用較少程式即可描述複雜的電路，同時易於保證電路設計正確。Verilog 基本語法如表 3.1 所示。

▽ 表 3.1 Verilog 基本語法

語法	功能	語法	功能
module	定義一個電路模組	operator	運算子
wire	定義電路連線	if-else	定義選擇結構
reg	定義儲存單元	for、while、repeat	定義迴圈結構
assign	定義組合電路	function	定義函數
always	定義時序電路	initial	電路初始動作

Verilog 語法包含了組成數位電路的基本元素。

- 以 "模組"（module）作為電路的設計單位。Verilog 設計風格推薦對電路進行模組化分解，每個模組單獨儲存在一個原始程式碼檔案中。在設計模組時，需要定義名稱、輸入通訊埠、輸出通訊埠，並描述內部電路的組成。模組封裝了一個固定的功能，已定義的模組可以嵌入更大的模組中，整個電路形成一種樹形的層次巢狀結構。

- 資料傳輸元件 "連線"（wire）和資料儲存元件 "暫存器"（reg）。連線是電路中用於傳輸電信號的元件，在連線的一端產生的 0、1 值經過一定時間後傳輸到連線的另一端。暫存器是可以儲存 0、1 值的單元，暫存器外部有輸入、輸出接腳，0、1 值可以透過輸入接腳傳送到暫存器中儲存起來，並且在需要時透過輸出接腳讀取出來，實現電路的 "記憶" 功能。

- 對電信號進行加工轉換的各種"運算子"（operator）。運算子包括幾類，算術運算子對二進位訊號進行加、減、乘、除運算，邏輯運算子對二進位訊號進行與（and）、或（or）、非（not）等運算，移位元運算符號可以對暫存器中的資料進行左移、右移的轉換，拼接運算子可以把多個獨立的訊號組合成一個包含很多位元的整體訊號。

- 用於控制電路的時鐘訊號（clock）。CPU 中的大部分模組是在輸入的時鐘訊號控制下工作的，Verilog 可以描述電路只在時鐘訊號發生某種變化時才執行功能，例如在時鐘訊號由 0 變成 1 時才進行提取指令的操作。

- 像軟體程式設計一樣描述選擇、迴圈等電路控制結構。Verilog 支援 if-else 語法，電路根據輸入訊號的值來執行不同的輸出功能。Verilog 還支援迴圈語法，描述電路在一定條件下重複執行某種計算功能。

- 一組具有預設電路功能的單元庫。EDA 往往會提供電路設計中常見的模組，設計者可以直接使用。例如在 CPU 中常用的加法器、乘法器，甚至記憶體，都可以直接使用 EDA 提供的現成模組。這樣的模組組成了單元庫。高端 EDA 的特點就是提供豐富的單元庫。

- 規定電路的各種限制條件——設計約束（Design constraints）。電路除了要實現所需的功能，往往還要滿足一定的限制條件，最重要的 3 個限制條件是時序（模組執行功能的最短時間或訊號在模組間傳輸的最短時間）、面積（模組所佔的最大尺寸）、功耗（模組執行功能所需要的最小電量）。這些限制條件稱為"設計約束"，在模組的原始程式碼中描述，EDA 可以自動檢查這些限制條件是否能夠被滿足。

- 對模組進行呼叫和測試的程式。在 Verilog 原始程式碼中，可以定義一種附屬於模組的測試程式部分，在測試程式中引入所定義的模組，並規定模組的初始輸入資料。EDA 模擬平台在運行測試程式時，可以模擬實現模組的功能，生成對應的輸出資料，供測試人員確認電路是否正常執行。

從抽象到實現：設計 CPU 的兩個階段

▌ CPU 的設計分為 "前端" "後端" 兩個階段

和 Verilog 相關的還有以下幾個專業術語。

由於 Verilog 描述的是抽象電路結構，而非真正實現電路的閘單元，因此 Verilog 原始程式碼被稱為暫存器傳輸級（Register Transfer Level，RTL）模型，即描述訊號資料在暫存器之間的流動和加工控制的模型。

如果要生產晶片，還需要得到真正實現電路的閘單元，這需要使用一個工具把 RTL 原始程式碼自動轉換成用閘單元組成的電路，這個過程稱為 "邏輯綜合" （Logic Synthesis）。經過邏輯綜合後，電路以閘級（Gate Level）模型描述閘單元以及閘單元之間的連接關係，可以視為閘單元組成的一張網，所以這樣的模型稱為 "網路表"（Netlist）。

從 RTL 模型轉換至閘級模型，是從高層抽象描述到低層物理實現的轉換過程，類似於軟體程式設計中使用編譯器將高階語言轉換成機器語言。

以網路表為分界點，整個 CPU 的設計可以分為 "前端" "後端" 兩個階段。在第一個階段中，使用 Verilog 進行 RTL 設計，描述的是電路的邏輯功能，因此稱為 "邏輯設計"。在第二個階段中，網路表還要經過佈局佈線才能確定電晶體在晶片中的實際位置，形成交付給流片廠商的最終成品——積體電路佈局，這個過程稱為 "物理設計"。從 Verilog 原始程式碼到積體電路佈局的流程如圖 3.6 所示。

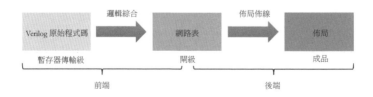

▲ 圖 3.6 從 Verilog 原始程式碼到積體電路佈局

第**3**節
開天闢地：二進位

布林值最好的一點是，就算你錯了，也頂多錯了一位而已。

——佚名

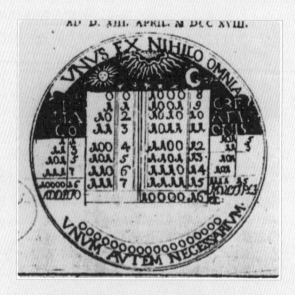

萊布尼茨為奧古斯特公爵製作的二進位紀念章

二進位怎樣在 CPU 中表示？

▌ 以電晶體的接腳上電壓的低、高代表二進位的 0、1

CPU 內部以二進位的 0、1 值來表示各種資料資訊，如圖 3.7 所示。在具體實現
一台電腦時，需要物理元件能夠以不同的狀態來表現 0、1 值，或説把 0、1 值
"映射"到物理元件的不同狀態上。

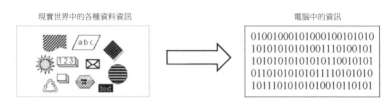

▲ 圖 3.7　用二進位表示現實世界中的各種資料資訊

電晶體是 CPU 的基礎組成單元。現代的半導體生產製程中，物理元件的最小單
元是 CMOS（Complementary Metal Oxide Semiconductor，互補金屬氧化物
半導體）電晶體（見圖 3.8）。這是細微性在奈米級的一種單元，組成的材料主
要是矽、二氧化矽、金屬、多晶矽。

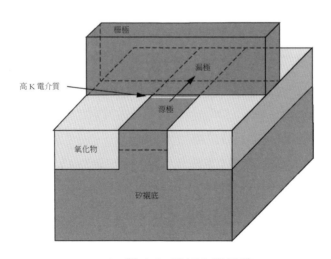

▲ 圖 3.8　CMOS 電晶體

科學家使用上面的材料製成 CMOS 電晶體，其基本特性是在電壓的控制下實現
"導通"或"關閉"狀態。導通是指電晶體中可以流過電子，關閉是指電晶體
呈現絕緣狀態、不允許電子透過。這樣的 CMOS 電晶體就像是電路中的開關，
電子的流過就像是水從水龍頭中流出，而控制水龍頭的旋鈕就是電壓。

CMOS 電晶體中，接腳電壓的低、高就可以代表二進位的 0、1。

從 CMOS 電晶體出發，可以組合成更大規模的二進位電路。兩個電晶體可以組
成一個"反相器"，實現二進位的"反閘"功能，即當輸入為低電壓時輸出為
高電壓，反之亦然，如圖 3.9 所示。

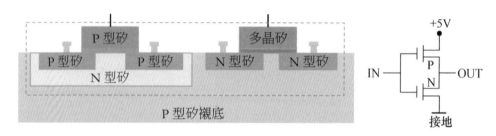

▲ 圖 3.9 兩個 CMOS 電晶體組成一個反相器
（OUT 的輸出電壓總是和 IN 的輸入電壓相反），這是數位電路的基本單元

根據布林代數理論，使用"反閘"可以組成所有的二進位計算單元，包括及閘、
反閘、反及閘、反或閘等。邏輯閘透過不同的方式組合起來，能夠實現所有的
二進位計算功能。邏輯閘還可以實現能夠記憶 0、1 值的儲存單元。

整個 CPU 就是從小小的 CMOS 電晶體出發，逐層疊加，實現二進位資訊的加
工和記憶功能。這個過程包括兩方面的驅動力，一方面是科學家提供數學理論，
布林代數使用二進位資料可以實現所有資訊的表示、加工、儲存；另一方面是
工程師發明物理元件，以 CMOS 電晶體承載二進位資料，並努力使其體積越來
越小、速度越來越快、功耗越來越低。

矽在自然界分佈很廣，在地殼總質量中佔比為 26.3%，是組成岩石礦物的基本
元素。這是現代資訊產業有"矽工業"稱號的來源。

從二進位到十進位：CPU 中的數值

▋ 任何十進位數字都可以轉化為二進位來表示

CPU 中採用二進位開關電路的組合，來表示現實世界中的十進位數字值資訊。

"數制"理論提供了不同進制的數值表示和轉換方法。任何一個 N 進制的數字系統都符合以下規則。

- 字元表：採用從 0 到 N-1 的字元，作為一個數字的基本表示單元。

- 權重：一個數由若干個字元組成，從最低位到最高位排列，每一位上的數值單位從小到大增長。如果最低位記為從第 0 位開始，則第 n 位上的數值單位是 N^n，這個數值單位稱為權重。

任何一個 N 進制的數字系統都能夠表達所有的自然數（包括 0）。基於這個定理，任何一個二進位數字都可以轉換成一個十進位數字，使用 8 位元暫存器表示十進位數字 183 如圖 3.10 所示。反過來講，現實世界中的十進位數字值資訊都可以"映射"到 CPU 中的若干電晶體單元中。

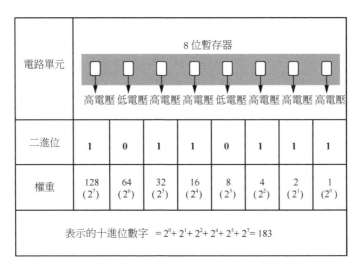

▲ 圖 3.10 使用 8 位元暫存器表示十進位數字 183

從自然數到整數：巧妙的補數

▌補數巧妙地簡化了加、減法的電路實現

整數包括正數、0、負數，可以視為在自然數基礎上增加一個符號位元。例如以最高位元為符號位元，0 表示正數，1 表示負數。那麼 -183 的二進位數字為 "1 10110111"，最高位元增加的 1 就代表負號。這種有帶符號的二進位表示方法稱為 "原碼"。

使用原碼進行加減運算有一個麻煩的地方，就是需要對符號位元、數字位元分別進行判斷，這樣會使運算電路很複雜。

實際的電腦中採用一種 "補數" 表示方法，很巧妙地簡化了符號位元處理。正數的補數和原碼相同，負數的補數是原碼中的所有數字逐位元反轉後再整體加一。

使用補數進行加減運算就方便了很多，可以將符號位元和數值域統一處理，加法和減法也可以統一處理。意思是做加法運算就是逐位元相加，不用再區分符號位元和數字位元；做減法運算 A-B 時，可以轉化為 A+(-B) 來處理，只需要將 B 整體逐位元反轉後再加 1，然後還是和 A 做加法運算。

所以現在的 CPU 中只有加法器，沒有減法器，就是得益於補數的發明。

補數的發明時間遠遠早於數位電腦。1645 年數學家帕斯卡（Pascal）發明了一台機械式齒輪結構的計算機，這是人類史上第一台能做加減法的機械計算機，它就是用的十進位補數。現在所有的數位電腦，包括每個人身邊的手機，用的都是補數的表示方法。

CPU 中怎樣表示浮點數？

▌數位電腦不能精確表示無限小數

CPU 中不僅能計算整數，還能計算帶有小數點的實數。實數是科學計算中經常使用的資料型態。

實數可以分成小數點前、小數點後兩部分。從直覺出發，電腦只需要使用固定寬度的暫存器來分別儲存這兩部分就能夠表示實數。但是這種做法有一個問題，能夠表示的實數範圍太小了。舉例來說，如果小數點前使用 32 位元暫存器，那最大只能表示 2147483647（2^{32}），大約就是 10^9，超過這個數字就無法表示，這對很多科學計算來說是不夠用的。

實際電腦中採用 "浮點數"（Floating Point Number）的格式來表示有小數點的實數。浮點數的意思是小數點的位置不是固定的，而是可以靈活地處理小數點前、小數點後的儲存位數，從而能表示更大範圍的實數。

浮點數表示法的基礎是 "科學計數法"，即將一個實數分成兩部分，分別是底數、指數。舉例來說，125.62 的科學計數法表示是 1.2562×10^2，這裡面的底數是 1.2562、指數是 2，所以電腦只需要儲存以下兩部分。

- 底數中 "1" 後面的部分 "2562"。

- 指數 2。

國際上的電腦都遵循一個標準 IEEE 754，這個標準就是採用上面的思想來儲存浮點數，使用一個固定寬度的暫存器來儲存底數、指數這兩部分。

IEEE 754 規定了兩種位元寬度的浮點數，一種是單精度數，32 位元，最大可以表示 3.4×10^{38}；另一種是雙精度數，64 位元，最大可以表示 1.8×10^{308}，這遠遠超過定點資料能夠表示的數值範圍，足夠滿足絕大多數現實中的科學計算需求了。

到此為止，我們看到了電腦如何使用二進位開關電路來表示現實世界的整數、實數。值得一提的是，電腦中的實數和數學意義上的實數不同，數學中的實數包括有限小數、無限小數，電腦只能儲存有限小數，不能儲存無限小數，更不能儲存無理數（無限不循環小數）。

第 **4** 節

CPU 的天職：
數值運算

跟電腦工作酷就酷在這裡，它們不會生氣，能記住所有東西，還有，它們不會喝光你的啤酒。

——保羅・利里，吉他手

算籌——中國古代的一種計算工具

CPU 怎樣執行數值運算？

▍ 加法器是 CPU 最基礎的運算單元

CPU 的數值運算功能以二進位的 "加法器" 為基礎。

最簡單的加法器實現 "1 位元" 的二進位加法運算，稱為 "1 位元加法器"。1 位元加法器有 3 個輸入訊號 A、B、C_{in}，有兩個輸出訊號 S、C_{out}。A、B 分別是加數和被加數，C_{in} 是從低位元來的進位。S 是相加後的值，C_{out} 是向更高位元的進位。

1 位元二進位加法器的所有可能結果可以手工列舉出來，如圖 3.11 所示。

這個電路使用 10 多個電晶體就可以實現。

輸入			輸出	
A	B	C_{in}	S	C_{out}
0	0	0	0	0
0	0	1	1	0
0	1	0	1	0
0	1	1	0	1
1	0	0	1	0
1	0	1	0	1
1	1	0	0	1
1	1	1	1	1

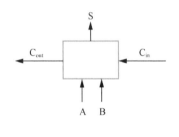

▲ 圖 3.11 1 位元二進位加法器

多位的加法器可以透過將多個 1 位元加法器進行 "串聯" 來實現。例如在一個 32 位元 CPU 中，每次要計算兩個 32 位元二進位數字的加法，這需要使用一個 32 位元加法器，只要用 32 個 1 位元加法器串聯起來，計算時從低位元向高位元依次計算，並將低位元的 C_{out} 作為高位元 C_{in} 的輸入即可，其原理和小學算術 "列豎式" 做加法是完全相同的。

乘法器也是 CPU 中常見的數值運算單元。最簡單的乘法器可以使用一種"移位加"演算法,和小學數學中"列豎式"做乘法的原理相同。

CPU 進行數值運算的方法在 20 世紀 60 年代獲得了快速發展,科學家提出了很多改進的高速演算法,把數位電路做數值運算的功能挖掘到了極致,現在已經很少再有新的演算法出現了。

什麼是 ALU?

▌ ALU 執行的都是最基礎的計算功能

算數邏輯單位(Arithmetic and Logical Unit,ALU)是實現多種數值計算功能的元件。早期電腦由於集成度低,一個模組不可能太複雜,只能把不同的計算功能使用獨立的模組實現,而現代積體電路製程可以在一個模組中同時實現多種計算功能。

ALU 的常見功能如下。

- 算數運算:加法、減法、乘法、除法、餘數。
- 移位元運算:左移、右移。
- 邏輯運算:與、或、非、互斥、反轉。
- 比較運算:是否相等、大於、小於。
- 位址運算:求跳躍位址(將當前指令位址加上一個偏移量)。

用於科學計算的高級 ALU 還可實現指數運算、對數運算、三角函數、開根號等更複雜的功能。

ALU 的運算功能都可以透過數位電路的設計來實現。ALU 模組的典型結構包括兩個輸入 A 和 B(來源運算元)、一個輸出 S(計算結果)、一個控制端 ALUop(用來選擇不同的運算功能),如圖 3.12 所示。

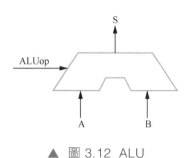

▲ 圖 3.12 ALU

有的 CPU 可以同時執行多筆計算指令，所以需要包含多個獨立的 ALU。如包含 5 個運算模組的 CPU，分別是 2 個整數運算 ALU、1 個位址運算 ALU、2 個浮點運算 ALU，這 5 個模組可以同時工作，計算速度比單一 ALU 提高了幾倍。

什麼是暫存器？

▌ 現代高性能 CPU 中幾十個暫存器也就夠用了

暫存器（Register）是 CPU 中用於儲存資料的單元。在運算器、控制器中，都需要有記憶功能的單元來儲存從記憶體中讀取的資料，以及儲存運算器生成的資料，這樣的單元就是暫存器。

這一系列單元使用 "暫存器" 的名稱主要是為了和記憶體（Memory）相區分。兩者都有記憶功能，區別在於記憶體是位於 CPU 外部的獨立模組，而暫存器是位於 CPU 內部的單元。記憶體的容量要遠遠大於暫存器。記憶體儲存了程式的輸入資料和最終結果，而暫存器儲存的是計算過程中的中間資料，更具有 "暫態性"。

暫存器有以下種類。

- 資料暫存器：用於儲存從記憶體中讀取的資料，以及運算器生成的結果。針對不同的資料型態，又可以分為整數暫存器、浮點暫存器。

- 指令暫存器：用於儲存從記憶體中讀取的指令，指令在執行之前先暫時存放在指令暫存器中。

- 位址暫存器：用於儲存要存取記憶體的位址。它也分為兩種，一種用於儲存 CPU 下一行要執行的指令位址，這種暫存器又稱為程式位址計數器（Program Counter，PC）；另一種用於儲存指令要存取的記憶體資料的位址。

- 標識位元暫存器：用於儲存指令執行結果的一些特徵，例如一行加法指令執行後，結果是否為 0、是否溢位（Overflow，即超出資料暫存器的最大位元寬度）等。這些特徵在標識位元暫存器中以特定的位元進行表示，可以供程式對計算結果進行判斷。

暫存器的重要概念是 "位元寬度"，即一個暫存器包含的二進位位元的個數。通常所說的 "CPU 是多少位元" 也就是指 CPU 中暫存器的位元寬度。更大的位元寬度表示電腦能表示的資料範圍更大、運算能力更強，但也增加了 CPU 的設計和實現成本。歷史上的 CPU 從 8 位元、16 位元發展而來，現在的電腦絕大多數採用 32 位元或 64 位元的 CPU。64 位元 CPU 已經滿足絕大多數現實生活中的資訊處理需求，主流桌上型電腦、伺服器暫時沒有 128 位元 CPU 的實際需求。

CPU 中經常將一組暫存器單元使用一個模組來實現，形成暫存器堆積。暫存器堆積的典型結構包含 3 個通訊埠，一個是位址通訊埠（用來選擇要讀寫的暫存器編號），一個是讀 / 寫控制通訊埠（控制是向暫存器單元寫入還是從暫存器單元讀出），還有一個是資料通訊埠（從暫存器單元讀出或向暫存器單元寫入的資料），如圖 3.13 所示。

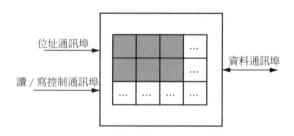

▲ 圖 3.13 暫存器堆積的典型結構

第**5**節
管線的奧秘

1913 年，福特汽車公司開發出了世界上第一條管線，這一創舉使福特 **T** 型車一共達到了 1500 萬輛。售價也從最初的 850 美金，降低至 240 美金。亨利．福特被稱為 “給世界裝上輪子的人”。

——《百年管線的前世今生》，中國工業和資訊化，2018

福特汽車公司（1913 年）的汽車裝配管線

什麼是 CPU 的管線？

▌CPU 的一筆指令切分成不同階段，分別由不同的硬體單元執行

管線（Pipeline）是指 CPU 將一行指令切分成不同的執行時，不同的階段由獨立的電路模組負責執行，宏觀上實現多行指令同時執行。

回顧在 CPU 概覽篇介紹的 CHN-1 原型電腦中，一行指令分成以下 4 個執行時。

（1）計算指令位址（Address Generating，AG）：位址計數器增加 1。

（2）提取指令（Instruction Fetch，IF）：從記憶體中取出指令，放入指令暫存器。

（3）執行指令（Instruction Execute，EX）：指令暫存器的內容輸入運算器（即點陣生成器），生成中文字點陣，存入資料暫存器。

（4）顯示中文字（Display Character，DC）： 資料暫存器的內容輸出到顯示器，顯示中文字。

對於一行指令，這 4 個階段必須按嚴格的先後循序執行，可以表示為 "AG → IF → EX → DC"。在每兩個階段之間，採用暫存器來儲存上一個階段的臨時結果，如圖 3.14 所示。

透過簡單的改進，可以設計一台管線電腦 CHN-4。由於在任何時刻，4 個階段中必須只有一個在工作，這可以透過時鐘節拍來控制，把 CPU 的主頻進行 "4 分頻"，即 4 個獨立工作的頻率，任何時刻只有一個頻率驅動對應階段來工作，其餘階段則處於等待工作狀態。完整執行一行指令的時間是 4 個時鐘節拍。

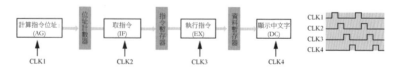

▲ 圖 3.14 將一行指令切分為 4 個階段

如果執行兩行相鄰的指令，最簡單的方法是先執行第一行指令、再執行第二行指令，即 "$AG_1 \rightarrow IF_1 \rightarrow EX_1 \rightarrow DC_1$," "$AG_2 \rightarrow IF_2 \rightarrow EX_2 \rightarrow DC_2$" 的順序，完整執行兩行指令的時間是 8 個時鐘節拍。但是這樣會造成工作效率低下，因為在每行指令執行過程中，任何時刻只有一個階段在工作，其餘 3 個階段都處於 "閒置" 狀態。

電腦的製造者發現管線是可以 "疊加執行" 的，從而極大提高了 CPU 的工作效率。在第一行指令執行 IF_1 時，第二行指令完全可以提前開始執行 AG_2，因為兩者使用的是不同的硬體模組，即使是同時工作也不會互相干擾。宏觀上看，兩行指令的執行時間有 "平行" 的疊加部分，用來執行兩行指令的完整時間縮短為 5 個時鐘節拍，如圖 3.15 所示。

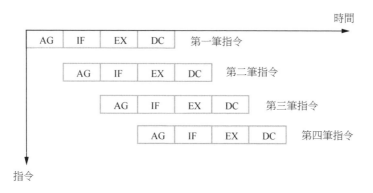

▲ 圖 3.15 兩行指令的並存執行

CHN-4 演示了 "4 級管線" CPU 的核心概念，最多可以實現 4 行指令的並存執行。CPU 還可以切分為更多級管線，在每一級中做更少量的工作。

管線技術在 CPU 中的出現時間非常久遠，可以查到早在 1958 年伊利諾大學製造的 ILLIAC2 型電腦就使用了 3 級管線：提取指令、解碼（分析指令要執行什麼功能）、執行指令。

管線目前已經成為現代 CPU 的基礎架構，這是一種原理簡單、使用數位電路很容易實現的最佳化方法。從高性能科學計算 CPU 到低端嵌入式 CPU 都可以採用，在手機 CPU 中也是必定會採用的架構。

在 CPU 原理著作中，管線往往作為 "開篇第一課"，弄懂管線的原理已經可以算是初窺 CPU 門徑。市面上大多數 "自製 CPU" 書籍的內容都是實現 5 級以下的簡單管線。

管線級數越多越好嗎？

▌ 工程設計向來都是多元因素的綜合決策

設計 CPU 時可以任意選擇使用管線的級數，但是管線級數並不是越多越好，因為增大管線級數會同時帶來好處和壞處。

增大管線級數最直接的好處是可以提高指令的平行度。將一行指令切分為更多階段，使用更多的獨立模組 "疊加運行" 指令，相當於增多了可以同時執行的指令數量，一定時間內能夠執行的指令更多，術語叫作 "提高吞吐量"，這樣是可以提高 CPU 性能的。

另外一個好處是可以提高 CPU 主頻。由於每個階段執行更少的功能，這樣可以縮短用於控制每個階段的時鐘節拍，CPU 能夠在更高的主頻下工作。直觀上容易誘導消費者認為 "更高的主頻帶來更高的性能"，從而更有利於在市場上贏得百分比。

但是增大管線級數也有負面影響。首先，由於在每兩個相鄰階段之間都需要增加暫存器，因此會增大電路的複雜度，佔用晶片的電路面積也就越大，容易增加成本、功耗。其次，增加的暫存器也會使資料的傳輸時間變得更長，增加了執行指令的額外時間。再加上其他一些複雜機制的影響（轉移猜測、指令相關性等），這些負面影響有可能會抵消增加管線級數帶來的正面影響。

在 2000 年前後的桌面處理器市場中，曾經出現過 "管線級數多的 CPU 性能反而變低" 的實例。當時 Intel 和 AMD 競爭激烈，而普通消費者往往只根據主頻來挑選 CPU。1999 年 AMD 發佈了基於 K7 架構的 Athlon 處理器，成為第一款 1GHz 主頻的消費級 CPU，其主頻、性能都超越了 Intel 當時的 Pentium 3。Intel 為了扭轉劣勢，在 2000 年推出了新一代 NetBurst 架構的 Pentium 4，最大的特點就是使用級數更多的管線實現更高主頻，達到 1.4GHz，從此拉開了持續 10 多年的主頻大戰序幕。Pentium 3 的管線只有 11 級，而 Pentium 4 提高到 20 級，後來達到了驚人的 31 級。上市不久就被發現，Pentium 4 實際計算速度居然低於 Pentium 3 和 Athlon。很多消費者此時才意識到被 "主頻" 蒙蔽了雙眼，掏更多的錢並沒有得到更高性能！

第6節
亂數執行並不是沒有秩序

PentiumPro 採用亂數執行技術，性能明顯高於前一代 Pentium。

——The History of Intel CPUs

亂數執行類似於借道超車

什麼是動態管線？

▎ 動態管線中指令的實際執行順序和軟體中出現的順序不同

"動態管線"是消除指令之間依賴關係對管線效率的影響，透過重新排列指令執行順序來提高 CPU 性能的一種最佳化技術。

相鄰的指令之間存在依賴關係，這種依賴關係稱為"指令相關性"。指令相關性導致管線必須阻塞等待來保證功能正確。假設有相鄰的兩行指令 A 和 B，A 指令計算的結果資料要作為 B 指令的輸入資料，這種情況稱為"資料相關"。那麼在 A 指令執行的過程中，B 指令不能進入管線，只有等到 A 指令執行結束才能開始執行 B 指令。這表示資料相關性造成指令必須嚴格地依次執行，不能發揮管線"在同一時間並存執行多行指令"的優勢。

還有一種相關性稱為"結構相關"，是指 CPU 結構的限制導致指令不能並存執行。例如相鄰的兩行指令 A 和 B 都要進行乘法操作，而 CPU 中只有一個乘法運算元件，那麼也無法在管線中同時執行 A 和 B，只有當 A 指令使用完乘法運算元件後 B 指令才能使用。

上面兩種指令相關性的原因不同，但是都會造成管線中需要插入"等待"時間，從而降低了 CPU 性能。

電腦科學家發現，重新排列指令的執行順序可以消除相關性、減少等待時間。本質思想是"前面的指令如果阻塞，後面的指令可以先執行"。舉例來說，有 3 行指令 A、B、C，A 和 B 存在相關性，但是 A 和 C 沒有相關性，那麼在 A 執行期間，必須讓 B 阻塞等待，而 C 指令是完全可以進入管線執行的，如圖 3.16 所示。透過這樣的重新安排，A 和 C 又實現了"在同一時間並存執行"，3 行指令可以使用更短的時間執行完成。

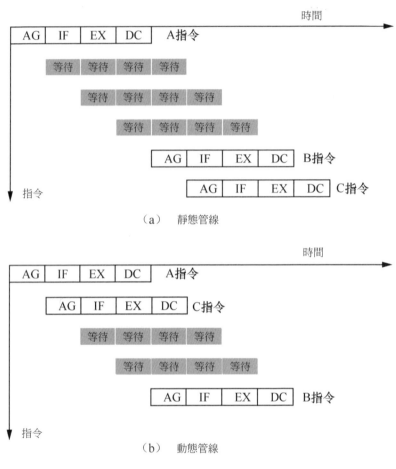

（a） 靜態管線

（b） 動態管線

▲ 圖 3.16 動態管線減少等待時間

動態管線是 CPU 使用電路硬體判斷指令相關性，對沒有相關性的指令進行重新排列的一種技術，也稱為 "動態排程" 技術。不支援動態排程的管線則稱為 "靜態管線"。

絕大多數電腦、手機的 CPU 都實現了動態管線。只有在性能要求較低的嵌入式CPU、微處理器 CPU 中才使用簡單的靜態管線。

動態管線的經典演算法：Tomasulo

▎學會了 Tomasulo 演算法可以算是半個 CPU 專家了

動態管線歷史悠久。1966 年 IBM 的 360/91 採用了一種經典的 Tomasulo 演算
法（見圖 3.17），確立了動態管線的基本思想[1]。

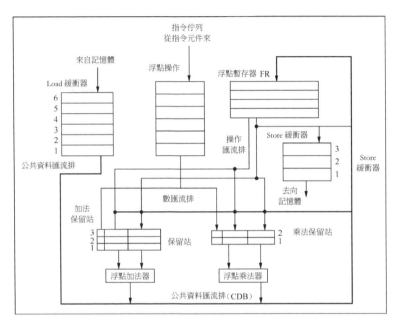

▲ 圖 3.17 Tomasulo 演算法圖示

動態管線的典型電路結構中，"保留站"（Reservation Station）是新增的電路
單元，用來儲存一組等待執行的指令，在有的文獻中也稱為"派發佇列"（Issue
Queue）。

---

[1] Anderson D W, Sparacio F J, Tomasulo R M. The IBM System/360 Model 91-Machine
philosophy and instruction-handling(IBM System/360 Model 91 machine organization
alleviating disparity between storage time and circuit speed). 1967.

保留站的位置在指令佇列和計算單元之間。指令在計算之前先暫存在保留站中，每次可以同時取若干行指令進入保留站。保留站中的每一項包含以下資訊。

- 操作類型：即指令要執行的計算功能，例如加法、減法、乘法、除法。

- 來源運算元的值：如果指令的運算元已經得出計算結果（術語叫作來源運算元 "就緒"），則儲存其數值。

- 來源運算元的指標：如果指令的運算元還沒有得出計算結果，則儲存用於生成該運算元的保留站編號。

在暫存器組中，每一個暫存器單元除了儲存浮點數值，也增加一個指標，指向最後生成該單元值的保留站編號。

保留站的執行機制是 "挑選來源運算元就緒的單元先執行"。保留站對所有單元進行檢查，只要某一個單元的來源運算元的值已經就緒，就可以立即送入計算單元來執行。這樣就實現了 "讓沒有資料依賴關係的指令先執行"。

指令執行結果透過 "公共資料匯流排"（Common Data Bus，CDB）寫回保留站和暫存器。假設剛執行完的保留站單元編號是 N，生成的計算結果為 V。執行結果透過一條 CDB 送回到保留站，對保留站進行更新，將所有指向保留站單元 N 的指標位置的來源運算元設為剛剛計算完成的值 V。CDB 還把執行結果送回到暫存器，將所有指向保留站單元 N 的暫存器單元值設為 V。

Tomasulo 演算法的本質思想是，保留站把有序的指令變成無序的執行，並且透過保留站中的 "來源運算元" 域儲存每行指令的臨時計算結果，使得最終結果正確。

什麼是亂數執行？

▌ 亂數執行：有序取指、重新排列執行順序、有序結束

亂數執行（Out-of-Order Execution）是指在 CPU 內部執行過程中，指令執行的實際順序可能和軟體中的順序不同。動態排程就是實現亂數執行的一種典型方法。

亂數執行的特點是 "有序取指、重新排列執行順序、有序結束"，意思是指令的結束順序也要符合軟體中的原始順序。

亂數執行是 CPU 內部的執行機制，對程式設計師是不可見的。程式在支援亂數執行的 CPU 上得到的結果，和循序執行每行指令得到的結果必須是相同的。

Tomasulo 演算法是亂數執行的經典演算法，現代 CPU 中的亂數執行機制都是從 Tomasulo 演算法發展而來的。弄懂了 Tomasulo 演算法就可以算是進入了 CPU 原理的 "高級階段"。

亂數執行如何利用 "暫存器重新命名" 處理資料相關性？

▌ 暫存器重新命名是 Tomasulo 演算法的精髓

"資料相關" 是指相鄰指令之間有資料依賴關係。例如兩行相鄰指令 A 和 B，A 寫入暫存器 R，而 B 讀取暫存器 R，那麼 A 和 B 存在一種 "寫後讀"（Read After Write，RAW）的相關性。

在靜態管線中，透過插入等待時間來保證 A、B 的先後關係。但是這樣會降低管線效率，降低 CPU 性能。

在動態管線中，不再需要插入等待時間，也能保證執行結果正確。Tomasulo 演算法使用 "暫存器重新命名"（Register Renaming）機制巧妙地解決了上面這個問題。"暫存器重新命名" 是指保留站中設定了暫存器單元的備份，用來儲存每行指令臨時的計算結果。

在 Tomasulo 演算法中執行 A、B 兩行指令的實際過程如下。

- A、B 指令同時進入保留站，佔用保留站中的兩個單元。A 單元的運算元都是就緒的，而 B 單元因為要使用 A 指令的結果，所以 B 單元中 "來源運算元的指標" 包含 A 單元的編號。

- 保留站檢查所有單元，發現 A 單元的來源運算元都是就緒的，將 A 單元的內容送入計算單元執行，並且從保留站中刪除 A 單元。

- 計算單元把執行結果送到 CDB 上，同時更新保留站、暫存器堆積。在保留站中，將 B 單元的來源運算元改為 A 指令的執行結果。

- 現在 B 單元的來源運算元都已經就緒，可以立即執行。

透過上面的過程可以看出，A 指令執行後 B 指令立即執行，不用再插入等待時間。而且結果也是正確的。

在 Tomasulo 演算法中，暫存器分為兩組獨立的單元，一類是軟體可見的暫存器，儲存指令執行的最後結果，稱為 "物理暫存器"，也稱為 "架構暫存器"；另一類是用於實現動態排程，只在 CPU 內部使用（在本例中就是隱含在保留站中的來源運算元），軟體不可直接存取的暫存器，稱為 "重新命名暫存器"。

亂數執行的典型電路結構

▌亂數執行是 "高性能 CPU" 的第一個門檻

在亂數執行的 CPU 中，電路至少分為 4 級管線。

- 提取指令（IF）：從記憶體中讀提取指令，進入指令佇列。

- 指令解碼（ID）：根據不同的計算功能類型，將指令分別送入對應的派發佇列。派發佇列可以一次包含多行指令。

- 派發（ISSUE）：在派發佇列中挑選來源運算元就緒的指令，送入計算單元。

- 執行（EX）：獲得指令計算結果，透過匯流排更新保留站和物理暫存器。

"派發"是動態管線專有的術語，只要看到一個 CPU 的説明材料中有"派發佇列"的資訊，就説明這個 CPU 使用了動態管線。

還有一種實現"重新命名暫存器"的典型結構，是把物理暫存器和重新命名暫存器採用一個統一的暫存器堆積來實現。在這種結構中，保留站不再包含重新命名暫存器，而是在解碼元件新增一個"重新命名表"來包含重新命名暫存器的值，如圖 3.18 所示。

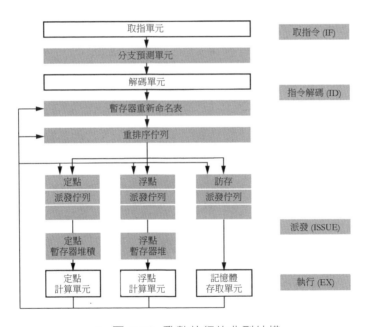

▲ 圖 3.18 亂數執行的典型結構

亂數執行是"高性能 CPU"的第一個門檻。動態管線電路設計複雜，開發週期長，一般只有追求高性能的 CPU 才會使用。使用動態管線的 CPU 至少是高端嵌入式以上的等級。

亂數執行如何處理例外？

▌只有正常執行、不產生例外的指令才能提交

例外（Exception）是指一行指令無法完成預定的功能，以非正常方式結束。在有些書籍中，例外也翻譯成 "異常"。

例外的典型例子是除零操作。在執行除法指令時，如果除數為零，顯然無法得出正確結果。

CPU 遇到這種例外指令時，通常要執行以下操作。

- 立即停止執行產生例外的指令，因為錯誤已經發生，再執行下去也沒有意義。

- 對例外指令後面的指令也要停止執行，避免例外指令的錯誤傳播到後面。

- CPU 把發生例外的指令位址記錄下來，以方便使用者排除程式的錯誤。

在亂數執行的管線中，由於有多行指令同時處於執行狀態，而且指令的實際執行次序已經和軟體中的順序不一致，因此需要有特殊機制來滿足上面 3 條要求。

最常用的方法是使用 "重排序佇列"，又叫作 "重排序快取"（Reorder Buffer，ROB）。ROB 位於派發佇列之前，記錄了指令在軟體中的原始順序。

在管線中增加一個新的 "提交"（COMMIT）階段，位於執行（EX）階段之後。指令在執行時時，計算單元的輸出結果寫入到重新命名暫存器，而不寫到物理暫存器中。只有在 COMMIT 階段，才把重新命名暫存器中的結果寫到物理暫存器中。

ROB 和 COMMIT 管線共同用來保證有序提交。在管線中亂數執行的指令，按照 ROB 中記錄的順序進入 COMMIT 階段。正常執行的指令在 COMMIT 階段時完成物理暫存器的寫入，並從 ROB 中出佇列。如果某行指令在計算單元中執行時發生例外，CPU 可以透過檢查 ROB 的佇列首單元就能確定是哪行指令發生例外。而對於例外指令之後的指令，即使已經生成了計算結果，也不再執行COMMIT。

回顧：亂數執行的 3 個最重要概念

█ 最重要的 3 個概念：保留站、重新命名暫存器、ROB

保留站、重新命名暫存器、ROB 是亂數執行的 3 個最重要的概念。

保留站使指令變成亂數執行，ROB 使指令有序提交，這兩個元件實現了相反的操作。

保留站提高了 CPU 執行指令的效率，ROB 保證指令的執行結果仍然符合軟體本身的順序。

重新命名暫存器用於處理指示之間的資料相關性，儲存指令執行的中間結果，同時實現了對例外的精確處理。重新命名暫存器是保留站和 ROB 之間的橋樑。

在現在的高性能 CPU 中，保留站、重新命名暫存器、ROB 都是必然存在的元件。

多派發和轉移猜測

為了有效發揮多派發通路的效率,必須實現充分的亂數執行技術,減少指令間的互相等待。

Intel Pentium 4 是早期就支援多派發的商用 CPU

什麼是多派發？

多派發：每個階段處理多條指令

多派發（Multiple Issue）是指管線的每個階段都能處理多於一行的指令。

在亂數執行的 CPU 中，每一個時鐘節拍處理的指令數量超過了一條，如圖 3.19 所示。在取指階段，一次可以從記憶體中讀取多行指令；在解碼階段，可以同時對多行指令分析相關性，並送入不同的派發佇列；在派發階段，每一個時鐘節拍都可以從派發佇列中分別發出一行指令；在執行時，多個計算單元獨立工作，平行地進行運行。

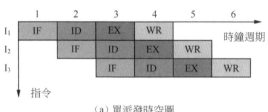

（a）單派發時空圖

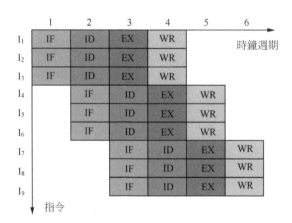

（b）多派發時空圖

IF:取指令　ID:指令譯碼　EX:執行指令　WR:寫回結果

▲ 圖 3.19 多派發的管線圖

多派發並不是説 CPU 有多筆管線，而是在一條管線上增加了處理指示的寬度，在一個時鐘節拍中可以同時處理多份指令。

課堂上經常使用這樣一個形象的比喻：靜態管線就像是一條高速公路，只有一個車道，每一輛汽車是一個管線階段，所有汽車依次往前開；動態管線允許個別汽車 "超車"，在有的汽車發生故障阻塞高速公路時，後面的汽車可以繞到前面繼續開；多派發就是把高速公路變成多個車道，所有汽車齊頭並進地往前開。

堅持看到這裡的讀者一定能感受到這樣的 CPU 已經非常強大了！新一代的 CPU 都是多派發的高性能 CPU，在派發寬度、派發佇列容量、計算單元個數等方面都實現了先進的架構。

什麼是轉移猜測？

▌ 激進猜測，猜測失敗時不提交

轉移猜測（Branch Prediction）是 CPU 管線針對轉移指令的最佳化機制。

轉移指令是指軟體中的指令不再依次執行，而是跳躍到其他記憶體位置。轉移指令經常用於在軟體中進行某種條件判斷。舉例來說，指令 "BEQ r1, r2, addr"，其功能是檢查暫存器 r1、r2 的值，如果相等則跳躍到目標位址 addr 處繼續執行，不再執行 BEQ 後面的指令。

轉移指令有兩個可能的目標，一個目標是其後一行指令，另一個目標是跳躍目標位址的指令。轉移指令就像是使一段指令序列產生了分叉，所以其也稱為 "分支指令"。

在多派發的管線中，一次可以取多行指令，但是如果遇到轉移指令，處理起來就發生了困難。因為轉移指令後面的指令不一定執行，而是要看轉移指令本身是否滿足跳躍條件，所以顯然不能把轉移指令後面的指令都送入保留站。但是這樣又會使管線發生空閒，在多派發的各階段都沒有充足的指令來輸入，造成執行效率下降。

電腦科學家提出 "轉移猜測" 機制，解決了上面的矛盾。在遇到跳躍指令時，假設跳躍一定不會發生，這樣就可以把跳躍指令及其後面的指令都取到管線中執行。但是如果跳躍指令在執行時遇到了不滿足跳躍的條件，則只需要借助 ROB 和 COMMIT 階段的作用，對跳躍指令後面的指令不做提交即可，這樣軟體的功能仍然是正常的。

上面所講的猜測演算法是最簡單的 "單一目標" 方式，平均的預測成功率只有 50%，表示有一半的預測並沒有發揮好的效果。

在高性能 CPU 中有更高效的 "轉移猜測" 電路，預測轉移指令可能的跳躍方向。常用的一種方式是使用分支目標緩衝器（Branch Target Buffer，BTB），在一個佇列中儲存轉移指令最近發生的跳躍目標位址，解碼單元透過查看 BTB 來確定轉移指令最有可能的跳躍目標位址，在設定值時可以讀取跳躍目標位址及其後面的指令。這種方法由於儲存了更多歷史資訊，預測成功率平均可以提升到 90% 以上。

轉移猜測本質是一種 "激進最佳化" 思想，對於機率性發生的事件做樂觀估計。把盡可能充足的指令提供給管線，如果估計正確就可以大幅度提高管線的效率。在估計錯誤時可採用妥善方法做 "善後處理"，消除錯誤的影響，保證軟體的功能正常。

包納天地的記憶體

人活一百年卻只能記住 **30MB** 的事物是荒謬的。這比一張壓縮磁碟的容量還
要少。

——馬文·明斯基（**Marvin Minsky**），人工智慧研究的奠基人

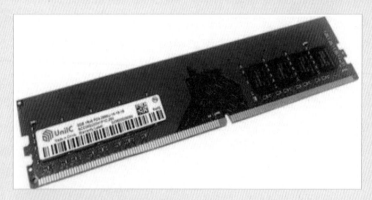

桌上型電腦記憶體（2020 年）

CPU 怎樣存取記憶體？

▍記憶體控制器是 CPU 和記憶體之間的介面

記憶體（Memory）是一塊大型積體電路，是一組儲存單元的集合，用來儲存電腦運行過程中的軟體和資料。每一個儲存單元都有一個可存取的位址，稱為記憶體位址。

CPU 和記憶體在以下方面緊密配合：要執行的軟體事先放在記憶體中，CPU 的提取指令單元自動從記憶體中讀提取指令，然後載入到 CPU 中執行；軟體在運行過程中，需要從記憶體中讀取要計算的資料或把計算結果寫回記憶體，這是透過一種 "記憶體存提取指令" 來實現的。

記憶體存提取指令有讀（Read）、寫（Write）兩種，代表兩種不同的資料傳輸方向。讀提取指令是把記憶體單元的值載入到 CPU 內部的暫存器中，寫入指令是把暫存器的值寫回到記憶體單元。暫存器充當了 CPU 和記憶體之間的資料交換樞紐。

支援的記憶體存提取指令：讀提取指令 "LD r1, (r0)offset"，暫存器 r0 的值加上一個常數 offset 形成記憶體單元的位址，把這個單元的值送入暫存器 r1；寫入指令 "ST r1, (r0)offset"，其功能與 LD 指令相反，是把暫存器 r1 的值寫入記憶體單元。

記憶體是獨立於 CPU 的電路，典型結構包含 3 個通訊埠：一個是位址通訊埠（用來選擇要讀寫的記憶體單元編號），一個是讀 / 寫控制通訊埠（控制是向記憶體單元寫入還是從記憶體單元讀出），還有一個是資料通訊埠（從記憶體單元讀出或向記憶體單元寫入資料）。

CPU 透過記憶體控制器模組與記憶體相連接。CPU 在執行記憶體存提取指令時，根據指令中解析的資訊呼叫記憶體控制器，透過上述 3 個通訊埠傳輸位址、資料、讀 / 寫控制資訊。

CPU 的管線中，對記憶體控制器的呼叫一般作為一個獨立的管線階段，稱為"存取記憶體階段"（MEM），位於提交（COMMIT）階段之前。

記憶體多大才夠用？

▎ KB、MB、GB、TB 之間是 1024 倍的關係

電腦有專門描述記憶體容量的單位。1 個二進位位元稱為 1 位元（bit），8 個二進位位元稱為 1 位元組（Byte，縮寫為 "B"）。1024B=1KB，1024KB=1MB，1024MB=1GB，1024GB=1TB。

我們用生活中直觀感受到的資料來看看這些容量單位的大小，一個新聞門戶網站的頁面的下載流量大約為 100KB，一首 MP3 歌曲的容量大約為 5MB，一部時長為 2 小時的高畫質電影的容量大約為 5GB，一個攝影同好用智慧型手機拍攝一年的照片，多的可以達到 1TB。

現在高端電腦的記憶體基本上是以 GB 為單位，例如典型的桌上型電腦配備 8GB 記憶體，伺服器的記憶體配備為 256GB，甚至更大。而嵌入式、微處理器 CPU 由於處理的資料量很小，記憶體就不需要這麼大，最小的甚至 64KB 記憶體就夠用了。

什麼是存取記憶體指令的"尾端"？

▎ "尾端"一詞來自文學作品《格列佛遊記》第一卷第四章，意指剝雞蛋時先敲破大頭還是先敲破小頭

在電腦術語中"尾端"（Endian）是指記憶體中的多個位元組被讀取到 CPU 的暫存器中時，採用什麼樣的排列順序。

CPU 中處理資料的基礎單位比記憶體更"寬"。記憶體以 1B 為最基礎的單元，也就是 8 個二進位位元。而 CPU 以暫存器為資料處理的基本單元，往往是多個位元組。舉例來說，32 位元的暫存器是 4B，64 位元的暫存器是 8B。

存取記憶體指令可以一次從記憶體中讀取多個位元組到暫存器中。例如 32 位元寬度的 CPU 可以一次讀取 32 位元（4B），正好是一個暫存器的寬度。

多個記憶體位元組在暫存器中有兩種放置順序：大尾端和小尾端，如圖 3.20 所示。大尾端（Big Endian），即記憶體低位址單元的位元組載入到暫存器的高位元；小尾端（Little Endian），即記憶體低位址單元的位元組載入到暫存器的低位元。

▲ 圖 3.20　大尾端和小尾端

CPU 採用大尾端還是小尾端沒有絕對的好壞之分。歷史上的 CPU 都是任意選擇尾端的，相比之下用得多的是小尾端，例如 x86、ARM 選擇小尾端，也有的 CPU 兩種尾端都支援，在執行時期可以設定成某一種尾端（例如有些 Power、MIPS 處理器）。

什麼是快取？

> 容量小而速度快的快取在生活中也有實例：你的書桌上只擺著近期要看的少量書籍，而大量的書籍只會收在書櫃裡。書桌就是一種快取

快取（Cache）是 CPU 和記憶體之間的資料儲存區域，用來提高 CPU 存取記憶體的速度。

現代電腦中的 CPU 運行速度遠遠超過記憶體存取速度，換句話說，記憶體存取速度拖慢了 CPU 的運行速度。

舉例來說，一個典型的 64 位元桌面 CPU，工作主頻是 2GHz，再加上多派發技術可以在一個時鐘節拍內平行處理多行指令，這樣每秒執行的指令數量就達到了 100 億筆，即每秒可以最多執行 10^{10} 次 64 位元整數運算。而記憶體的速度提升相對比較緩慢，現在桌上型電腦、伺服器上使用的最先進的 DDR4 記憶體規範，工作在 2.4GHz 時的理論峰值傳送速率為 19200MB/s，相當於每秒只能給 CPU 傳送 2.4×10^9 個 64 位元整數，比 CPU 的速度慢了一個數量級。

當記憶體資料的供應速度跟不上 CPU 的計算速度時，CPU 只能等待記憶體，從而白白浪費計算時間。

快取是使用比記憶體速度更快的半導體製程製造的一區塊儲存區域，CPU 存取快取的速度要遠遠快於記憶體。由於製造快取的成本比記憶體高，因此快取不可能做得太大，常見電腦的記憶體容量在 GB 等級，而快取容量一般不超過幾十百萬位元組（MB）。

快取中儲存的資料是記憶體的 "局部備份"。CPU 存取過的記憶體單元的資料都在快取中儲存起來。這樣，當 CPU 再次存取相同位址的記憶體單元時，只需要從快取中快速讀取出資料即可，速度比存取記憶體快幾十倍，甚至上百倍。

快取的設計利用了電腦中的事實規律——"資料局部性"，即 CPU 存取的資料往往只佔整個記憶體中非常小的比例，但是 CPU 會多次重複使用這些資料，這樣的資料也叫作 "熱點資料"。快取就是以非常小的容量儲存這些熱點資料的，讓 CPU 在執行絕大多數的存取記憶體指令時都能快速完成。

快取作為 CPU 和記憶體之間的橋樑，以較小的成本巧妙解決了記憶體速度不匹配的問題，是電腦原理中一個閃光的思想。

快取的常用結構

桌上型電腦、伺服器一般最多有三級快取，超級電腦可能有四級快取

目前 CPU 主要使用多級快取的結構，將快取分成多個等級。離指令運算單元越近的快取速度越快、容量越小，離指令運算單元越遠的快取速度越慢、容量越大。CPU 執行存取記憶體指令時，先在一級快取中查詢，如果查詢到資料則完成指令，否則要到更高級別的快取中查詢，如果在所有快取記憶體中都沒有查詢到資料才存取記憶體。

使用多級快取的優點是平衡了成本和速度之間的矛盾，能夠以最適中的成本取得綜合的最佳速度。

常用的 CPU 中的快取最多分為三級。2000 年之前由於半導體製程的限制，二級快取、三級快取經常作為 CPU 之外的獨立晶片，而現在都已經是整合在 CPU 晶片內部的電路模組。在晶片中，快取佔用的電路面積已經超過了處理器核心，因此增大快取會直接增大晶片成本，所以快取也是表現 CPU 性能的重要參數。

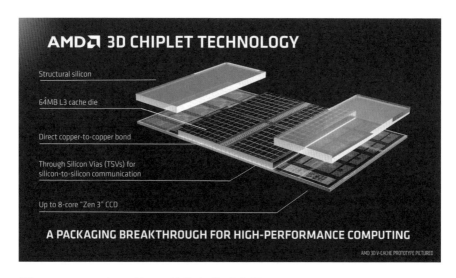

▲ 圖 3.21 AMD CPU 的 3D 快取架構（來源：https://www.techpowerup.com/review/amd-ryzen-7-5800x3d/2.html）

什麼是虛擬記憶體？

▌虛擬記憶體是給每個應用程式一塊連續的記憶體位址空間

虛擬記憶體（Virtual Memory）是作業系統管理記憶體的一種機制，使多個同時運行的應用程式能夠共用記憶體。

早期電腦和作業系統都比較簡單，最多只能有一個應用程式處於運行狀態，這個應用程式可以任意使用電腦的整個記憶體。作業系統不需要干涉應用程式對記憶體的使用方式。

現在的作業系統支援多個應用程式同時運行，稱為"併發作業系統"。例如在桌上型電腦上，可以一邊聽歌一邊上網，提高了使用者使用電腦的方便程度。在併發作業系統中，所有應用程式面對的是一塊統一的記憶體，每一個應用程式需要使用不同的記憶體區域來儲存自己的資料，這樣就不能再由應用程式來任意使用記憶體了。

作業系統引入記憶體管理機制，由作業系統決定應用程式可以使用哪一部分記憶體。應用程式只能看到分配給自身的虛擬記憶體，而電腦上實際安裝的記憶體稱為"實體記憶體"（Physical Memory）。

虛擬記憶體有兩種實現方式。

- 分段：每個應用程式使用獨立的一段實體記憶體。作業系統載入應用程式時，從實體記憶體中尋找一塊連續的空閒區域，專門留給一個應用程式使用。

- 分頁：實體記憶體分成連續的小塊，每一塊稱為一個"分頁"（Page）。應用程式本身使用的記憶體是連續的位址，稱為"虛擬位址"（Virtual Address），由作業系統映射到不連續的實體記憶體上。

分段機制比分頁機制出現得要早。分段機制是一種"連續"的映射方式，實現簡單，執行速度快，但是每個應用程式使用的記憶體分配出來後，不容易再擴大或縮小容量，這樣會造成很多空間浪費。而分頁機制是一種"離散"的映射方式，當應用程式需要更大記憶體容量時，只需要再增加新的實體記憶體分頁，如果有不需要使用的記憶體分頁則可以由作業系統收回，便於實現 "按需分配" 的動態管理，提高實體記憶體使用率。

在分頁機制中，應用程式的存取記憶體指令包含的是虛擬位址，透過 CPU 中的位址轉換模組翻譯成實體記憶體的位址，如圖 3.22 所示。高性能 CPU 都實現了位址轉換模組，有的文獻將其稱為編譯後備緩衝器（Translation Lookaside Buffer，TLB）。

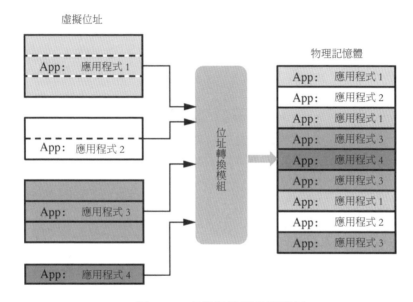

▲ 圖 3.22 虛擬記憶體分頁機制

虛擬記憶體和快取一樣都是現在高性能 CPU 的 "標準配備"，屬於電腦發展歷史中沉澱下來的經典設計，可以看出科學家為了改進電腦而發明創造的不懈努力。

第9節

CPU 的 "外交"

10　　PRINT "HELLO WORLD"

20　　GOTO 10

——美國達特茅斯學院開發的第一個 BASIC 程式，1964 年

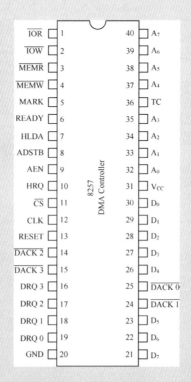

IOR	1	40	A$_7$
IOW	2	39	A$_6$
MEMR	3	38	A$_5$
MEMW	4	37	A$_4$
MARK	5	36	TC
READY	6	35	A$_3$
HLDA	7	34	A$_2$
ADSTB	8	33	A$_1$
AEN	9	32	A$_0$
HRQ	10	31	V$_{CC}$
CS	11	30	D$_0$
CLK	12	29	D$_1$
RESET	13	28	D$_2$
DACK 2	14	27	D$_3$
DACK 3	15	26	D$_4$
DRQ 3	16	25	DACK 0
DRQ 2	17	24	DACK 1
DRQ 1	18	23	D$_5$
DRQ 0	19	22	D$_6$
GND	20	21	D$_7$

8257 DMA Controller

Intel 8257，專用 DMA 控制器晶片（1987 年）

什麼是 CPU 特權等級？

▌ 特權等級用於限制只有作業系統才能直接存取週邊設備

CPU 特權等級（Privilege Level）用於將軟體指令設定成不同的執行許可權，不同許可權的指令只能操作屬於該許可權範圍內的 CPU 硬體資源。

CPU 特權等級的作用主要是在併發作業系統中，保證各應用程式之間的資源隔離，防止一個應用程式透過執行非法指令而破壞其他應用程式的資料。

特權等級機制包含 3 個方面。

- CPU 本身支援不同等級的運行狀態。一般至少包括兩個等級，一個是作業系統等級，另一個是應用程式等級。

- CPU 內部的硬體資源分成不同等級。有的資源可以在 CPU 處於任何等級時存取，而有的核心資源只能在作業系統等級下存取。典型的資源包括暫存器、計算單元、記憶體、時鐘等。

- CPU 的指令分成不同許可權等級。有的指令可以由應用程式執行，稱為 "應用態指令"；而有的指令只能由作業系統執行，稱為 "特權指令"。舉例來說，對 CPU 設定運行等級的指令，都只能由作業系統執行。

電腦啟動時，CPU 預設處於作業系統等級，CPU 在這個等級下可以 "無所不能" 地執行電腦的所有指令，使用電腦的所有資源。作業系統把應用程式載入到記憶體中，透過特權指令將 CPU 的運行狀態設定為應用等級，再使應用程式運行。應用程式只能執行應用態指令，沒有能力執行特權指令。這樣應用程式只能存取屬於本程式的硬體資源，不會破壞其他應用程式和作業系統的資料。

CPU 在運行過程中，特權等級是 "高一低一高一低一……" 交替變化的。作業系統呼叫應用程式時，是由高等級切換到低等級的。在應用程式運行過程中，需要切換回作業系統時，則是由低等級切換到高等級，典型的情況有指令例外、週邊設備中斷、系統呼叫等。

中斷和例外有什麼不同？

▋ 中斷源於 CPU 週邊設備，例外源於 CPU 內部指令

中斷（Interruption）是指 CPU 運行過程中，由於外部事件的到來而停止執行當前指令的處理機制，中斷處理機制如圖 3.23 所示。外部事件發生後，CPU 必須要在第一時間處理外部事件。外部事件的來源主要是週邊設備，例如鍵盤上有按鍵被按下、網路卡收到資料封包、計時器到達指定時間。

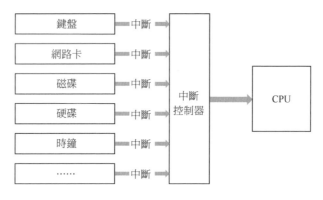

▲ 圖 3.23 中斷處理機制

中斷是 CPU 和外界的一種高效合作手段。CPU 不需要時刻檢查週邊裝置是否有狀態變化，而是將絕大部分時間用於執行軟體程式，只有在裝置收到資料時才主動向 CPU 發出 "通知"。在早期不提供中斷支援的 CPU 中，CPU 只能採用 "輪詢"（Polling）機制，定期檢查週邊設備的狀態來判斷是否有資料要處理，但這樣會使 CPU 付出額外的不必要時間。

每一種 CPU 都在設計時規定了可以響應的中斷，通常是在 CPU 晶片的接腳中定義用於響應的中斷訊號。週邊設備需要向 CPU 發出中斷時，向 CPU 晶片的接腳發送電位訊號。CPU 一般是在管線的最後一級——提交（COMMIT）階段檢查接腳上的電位訊號，用來判斷是繼續執行指令還是處理中斷。

CPU 對中斷的處理機制一般是停止管線提取指令行為，CPU 本身切換到作業系統特權等級，呼叫作業系統中專門的軟體模組 "中斷服務程式"（Interruption Service Routine，ISR）來處理中斷。ISR 檢查是哪種週邊設備發生了中斷，再從裝置中接收對應的資料。ISR 處理完週邊設備的資料後，把 CPU 切換回應用程式特權等級，再跳回應用程式繼續執行。

中斷和例外都是使 CPU 停止執行當前指令的機制，兩者的根本區別在於，例外是由 CPU 內部指令執行觸發（例如除法指令的除數是 0），而中斷是由 CPU 外部訊號觸發。

CPU 怎樣做 I/O ?

▌ I/O 匯流排是連接 CPU 和週邊設備的橋樑

I/O 是輸入（Input）和輸出（Output）的英文簡寫，是指 CPU 與週邊裝置之間的雙向資料傳輸。週邊設備是連接 CPU 和使用者的資訊橋樑。外接裝置的數據傳入 CPU 中進行計算，CPU 的處理結果傳給外接裝置進行顯示和儲存，或傳輸給其他電腦。

在 CPU 晶片中有專門用於和外接裝置相連接的接腳，這些接腳合起來稱為 "外接裝置匯流排"。外接裝置匯流排中包含 3 類訊號，位址訊號用來指定向哪個外接裝置發起資料互動，控制訊號用來控制外接裝置的行為（例如指定是讀取資料還是寫入資料），資料訊號用來傳輸 CPU 讀 / 寫的資料資訊。

CPU 透過 I/O 指令來讀 / 寫外接裝置資料。在有的 CPU 中，I/O 指令和存取記憶體指令相同，區別僅在於記憶體和外接裝置位於不同的位址空間。例如可以使用存取記憶體指令 "LD. W r1, (r0)offset" 來讀取一個外接裝置，外接裝置的位址由暫存器 r0 的內容加上常數 offset 來指定，外接裝置將資料傳送給 CPU 後，資料被儲存在暫存器 r1 中。

CPU 與 I/O 裝置相互動的完整機制就是由外接裝置匯流排（提供 CPU 與外接裝置相連接的硬體電路）、I/O 指令（給軟體提供存取外接裝置的指令）再加上中斷（提供外接裝置事件傳向 CPU 的通知機制）共同組成的。

高效的外接裝置資料傳輸機制：DMA

▍DMA 控制器使外接裝置資料直接傳遞到記憶體中，不佔用 CPU

直接記憶體存取（Direct Memory Access，DMA）是提高電腦對外接裝置資料的處理速度的一種方法，外接裝置可以直接向記憶體傳送資料，不需要 CPU 執行 I/O 指令來進行中轉。

CPU 透過 I/O 指令與外接裝置進行資料互動的方式稱為 "直接 I/O"（Direct I/O），這一方式在面對大量資料傳輸時效率較低。由於每條 I/O 指令傳輸的資料有位元寬度限制（一般是暫存器的最大寬度），因此需要重複執行多行指令才能完成資料傳輸。例如在一個 32 位元 CPU 中，傳輸 1MB 資料就需要執行 $2^{20} \div 32 = 32768$ 行指令，佔用了太多 CPU 時間。

DMA 機制是在記憶體與外接裝置之間增加一個硬體模組──DMA 控制器。DMA 控制器與 CPU 獨立工作。在 CPU 需要從外接裝置讀取大量資料時，CPU 只需要告訴 DMA 控制器要讀取的外接裝置位址、資料長度，以及放入記憶體的起始位址，DMA 控制器就可以獨立地從外接裝置讀取資料、送入記憶體。在此期間，CPU 可以處理其他計算任務。DMA 控制器完成資料傳輸後，向 CPU 發送中斷，通知 CPU "資料已傳輸完畢"，這樣 CPU 就可以直接使用記憶體中的資料了。DMA 機制實現在外接裝置（以硬碟為例）和記憶體之間傳輸資料的示意圖如圖 3.24 所示。

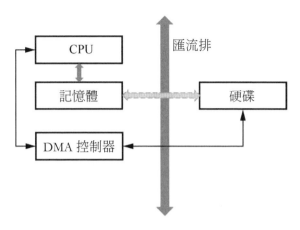

▲ 圖 3.24 DMA 機制實現在外接裝置（以硬碟為例）和記憶體之間傳輸資料

DMA 控制器與 CPU 平行工作，完成一種專門任務，這樣的硬體模組屬於一種典型的輔助處理器（Coprocessor），表現了 "專人幹專事" 的思想。由於 DMA 控制器用途單一，只需要完成資料傳輸功能，不需要像 CPU 一樣執行煩瑣的指令管線，因此可以在單位時間內傳輸更多的資料。

DMA 屬於一種 "從高端電腦向低端電腦下沉" 的技術。DMA 最早是在大型電腦上使用，現在桌上型電腦、伺服器，甚至手機的 CPU 也都支援 DMA 機制。DMA 控制器一般都包含在處理器晶片內部，作為一個輔助處理器。我們身邊的小小手機，其實已經繼承了早期大型電腦裡面的工程智慧！

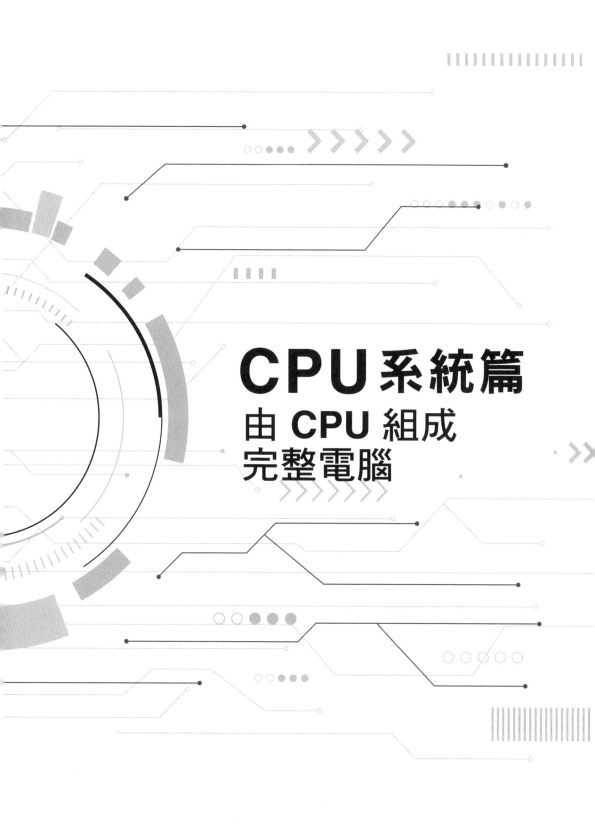

CPU系統篇
由 CPU 組成
完整電腦

第1節
作業系統和應用的橋樑

系統呼叫是應用程式與作業系統的一種對話模式。應用程式透過系統呼叫向作業系統發起一項請求，作業系統執行一種服務作為回應。

——《深入理解電腦系統》

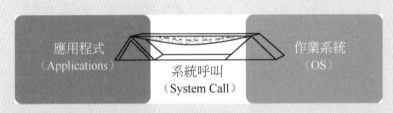

系統呼叫是應用程式存取作業系統的橋樑

什麼是系統呼叫？

▌系統呼叫允許應用程式獲得作業系統提供的服務

系統呼叫（System Call）是作業系統提供的一組功能介面，給應用程式實現一系列高許可權的功能服務。系統呼叫一般是實現整個電腦的核心資源的存取和管理功能。例如下面 3 種功能。

- 查看資源使用情況：例如作業系統中的處理程序數量，這個資訊屬於作業系統的核心資料，儲存在作業系統私有的資料區中，應用程式不能直接存取。

- 讀取外接裝置資料：例如網路卡、硬碟中的資料，只有作業系統才有許可權執行 I/O 指令進行存取。

- 獲取電腦的當前時間：電腦主機板上有時鐘硬體來儲存日期、時間資訊，這樣的裝置也只有作業系統才能存取。

系統呼叫的設計意義是給應用程式提供普通許可權下無法實現的功能服務。上面舉例的 3 種資料資訊都是屬於電腦的核心資源，應用程式不能直接存取，但是應用程式又有獲取這些資料資訊的正常需求，作業系統就把這些功能封裝成功能介面，應用程式可以在需要時呼叫這些功能介面來獲得資料資訊。

作業系統在執行系統呼叫之前會對應用程式進行 "安全檢查"。系統呼叫由作業系統負責執行，在 CPU 的高特權等級別下執行。為了防止惡意的應用程式獲取非法資訊、破壞系統安全，作業系統會對應用程式的許可權進行嚴格檢查，只對合法的應用程式提供系統呼叫功能。

每一種作業系統都規定了 "系統呼叫清單"，例如 Linux 核心的系統呼叫清單有200 多項。

應用程式怎樣執行系統呼叫指令？

▌每一種 CPU 都定義了執行系統呼叫的指令

系統呼叫指令是 CPU 為應用程式提供的一行指令，應用程式透過執行系統呼叫指令來獲取作業系統的服務，如圖 4.1 所示。

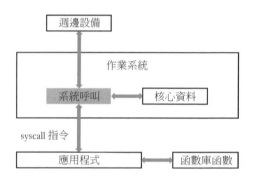

▲ 圖 4.1 應用程式獲取系統呼叫服務

舉例來說，某些 CPU 的系統呼叫指令為 syscall。CPU 在執行應用程式時如果遇到 syscall 指令，則會將特權等級切換為作業系統等級，然後轉到作業系統中執行系統呼叫的模組，來實現應用程式所需要的服務。系統呼叫模組執行結束後，CPU 跳回應用程式，繼續執行 syscall 之後的指令。

對應用程式進行剖析，可以寫成下面的等式：

應用程式 = 指令序列 + 函數庫函數 + 系統呼叫

函數庫函數（Library Function）也是給應用程式提供的一組封裝好的功能服務，通常使用程式語言撰寫，然後編譯成功能模組，可以讓應用程式重複呼叫。最典型的函數庫函數就是 C 語言中的 printf() 輸出函數。

系統呼叫和函數庫函數有本質不同。函數庫函數也是由應用態的指令序列組成的，都是在應用態的許可權下執行，無法存取電腦的核心資源、週邊設備，不會像系統呼叫一樣發生特權等級的切換、進入作業系統執行。

第2節 專用指令發揮大作用

我們如果將 **CPU** 看作主要執行純量控制任務的處理器，將 **GPU** 看作主要執行向量圖形任務的處理器，那麼新一代的 **IPU**（人工智慧處理器）就是專為以計算圖為中心的智慧任務設計的處理器。

——《通用技術電腦的衰落：為何深度學習和莫爾定律的終結正致使計算碎片化》，麻省理工學院，**2018**

Intel Pentium MMX 採用向量指令技術，提高了視訊、音訊和圖像資料處理能力（1997 年）

什麼是向量指令？

▌向量指令能夠在一筆指令中計算多組資料

向量指令（Vector Instruction）是指一行指令能夠同時計算兩組以上的運算元。
"向量"的含義就是每一組運算元由多個數值組成。

與"向量"相對的是"純量"，即一組運算元只由單一的數值組成。

以一行 128 位元向量指令為例，這條向量加法指令的格式為"ADDV.W w2,
w1, w0"。其中 w0、w1、w2 都是 128 位元的向量暫存器，每一個向量暫存器
包含 4 個 32 位元資料。一筆平行加法指令 ADDV. W 可以同時計算出 4 組 32 位
元資料相加的結果，如圖 4.2 所示。這樣的平行加法指令的計算速度是基本加法
指令的 4 倍。

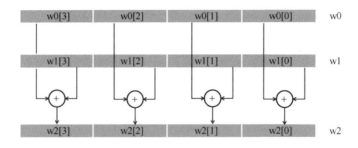

▲ 圖 4.2 一筆向量指令 ADDV. W 同時計算 4 組 32 位元資料相加

向量指令使用的場合是密集的數值運算問題，例如影像編解碼、3D 遊戲、人工
語音分析、雷達訊號處理等。Intel 最早支援向量指令的 CPU 是 1996 年發佈的
Pentium MMX，它在 x86 指令集的基礎上加入了 57 筆向量指令（也稱為多媒
體指令 MMX）。這些指令專門用來處理視訊、音訊和圖像資料，從而明顯提升
了桌上型電腦在多媒體時代的性能。

向量指令基於"空間換時間"的思想，付出的代價是佔用 CPU 更多的電路面積，
實現更多的向量暫存器，還要實現多個平行的數值運算單元，而換來的好處則
是在單位時間內計算更多資料。但這畢竟比一味提高主頻要更容易實現。

向量指令屬於 CPU 中的高級最佳化功能，可以根據使用的需求來選配。目前大多數桌上型電腦、伺服器的 CPU 都支援向量指令集，用於嵌入式、微處理器的 CPU 如果有大量數值計算需求，也會支援向量指令。

CPU 怎樣執行加密、解密？

▌加密、解密是作業系統和應用程式中的頻繁操作

加密（Encryption）是以某種演算法改變原有的資訊，使得未授權的使用者即使獲得了已加密的資訊，但因為不知道解密的方法，仍然無法了解資訊的原始內容。解密（Decryption）是加密的逆運算，是把加密還原為原始資訊。

加密、解密是保護電腦資訊安全的常用方法，在電腦中大量使用。例如電腦開機時，使用者輸入登入密碼才能進入系統；在撰寫 Office 文件時，可以給文件加上一個保護密碼，防止其他人查看文件內容；在網路上傳輸電子郵件時，也可以將電子郵件進行加密後再發送，防止其他人竊取網路資料。

電腦科學家付出了多年努力，發明了一系列運算速度快、安全性高的加密算法。常用的加密算法有 DES、3DES、AES、RSA、DSA、SHA-1、MD5 等。

加密演算法有軟體、硬體兩種實現方法。在軟體的方法中，使用程式語言撰寫加密演算法，編譯成函數庫函數給應用程式呼叫，像 Windows、Linux、Android 等作業系統都內建實現了軟體的加密演算法函數庫；在硬體的方法中，CPU 使用電路硬體實現加密演算法，並提供指令給應用程式呼叫。

CPU 支援硬體加密指令是當前的大趨勢。許多 CPU 就整合了專用安全模組，可以硬體執行 SM2、SM3、SM4 算法，作業系統和應用程式可以呼叫 CPU 的硬體介面來獲取高安全等級的密碼服務，如圖 4.3 所示。

CPU 支援硬體的加密指令，與軟體執行加密演算法相比有兩個好處。一個好處是硬體比軟體的執行速度快幾十倍；另一個好處是硬體電路不會像軟體一樣被惡意攻擊、被駭客植入漏洞，能夠達到更高水準的 "內生安全"。

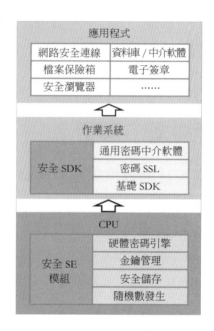

▲ 圖 4.3 某 CPU 整合硬體密碼演算法

第**3**節
虛擬化：邏輯還是物理？

在亞馬遜 **AWS** 或其他公有雲購買雲端服務，最直接的方式就是申請一台虛擬機器。

——《浪潮之巔》，吳軍

虛擬化技術常用於在一台電腦上運行不同的作業系統，例如在 Linux 作業系統中建立一個虛擬機器運行 Windows 作業系統

什麼是虛擬化？

▎虛擬化是把一台真實機器變成多台抽象的機器

虛擬化（Virtualization）技術是將一台電腦虛擬為多台邏輯電腦，每一台邏輯電腦可以運行不同的作業系統，這些邏輯電腦都可以同時運行，如圖 4.4 所示。

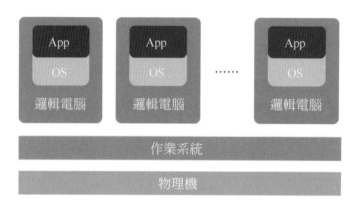

▲ 圖 4.4 利用虛擬化技術，在一台電腦上同時運行多台獨立的邏輯電腦

邏輯電腦也稱為虛擬機器（Virtual Machine）。對使用者來說，可以在虛擬機器中安裝和運行應用程式，使用起來和真實的電腦沒有明顯區別。

虛擬機器主要有以下用途。

■ 相容舊的應用系統。由於電腦市場改朝換代太快，使用者的應用系統原來運行在舊電腦、舊作業系統上，當這些舊的裝置已經不再銷售時，使用者還可以購買新電腦，只需要使用虛擬化技術建立虛擬機器，就可以模擬運行舊的電腦，這樣還可以運行原來的應用系統，保證使用者的核心資產繼續使用。

■ 方便開發偵錯作業系統。對開發作業系統的公司來說，不需要購買大量真實機器，只需要在一台機器上建立多個虛擬機器，就可以在每個虛擬機器中運行偵錯作業系統。最常見的情況是在 Windows 電腦上安裝虛擬機器來運行 Linux 作業系統，這樣可以不用格式化本地硬碟就能夠體驗各種新版本的 Linux 作業系統。

■ 虛擬化是雲端運算的基礎。虛擬化技術使"邏輯機器"（虛擬機器）和"物理機器"（真實機器）分離，提高了對邏輯機器的動態管理能力。雲端運算的本質是把大量機器集中到一個資料中心統一管理，目前的雲端運算中心都是在物理機上建立虛擬機器，在虛擬機器裡運行應用程式、儲存使用者資料。如果一台物理機發生故障，它上面的虛擬機器可以把所有程式和資料透過網路"遷移"到另外一台物理機上運行，從而節省了故障處理時間。雲端運算把運算能力轉變成一種服務，虛擬化則增強了服務的可靠性、靈活性和可擴充性。

虛擬化技術最早由 IBM 在 1960 年提出，實驗性的 IBM M44/44X 系統是虛擬化概念的鼻祖。

什麼是硬體虛擬化？

CPU 在硬體上提供支援，使虛擬機器性能和本地物理機沒有明顯差別

硬體虛擬化又稱為"硬體輔助虛擬化"（Hardware-assisted Virtualization），是指 CPU 硬體提供結構支援，實現高效率地運行虛擬機器。

在支援硬體虛擬化的電腦中，CPU 在設計上提供特殊機制，使得在一個 CPU 上能夠同時運行多個作業系統，並且每一個作業系統都能夠使用接近 100% 的 CPU 性能。

在不支援硬體虛擬化的 CPU 上，需要使用軟體來撰寫模擬多個 CPU 的處理機制，這樣會比硬體虛擬化的速度慢很多。

硬體虛擬化在 1972 年第一次由 IBM System/370 引入。2005 年以後上市的桌上型電腦、伺服器 CPU 都逐步開始支援硬體虛擬化。Intel 將硬體虛擬化稱為 IntelVT 技術，該技術能夠對 CPU、I/O 裝置、網路的虛擬化進行硬體加速。

第4節
可以信賴的計算

殺病毒、防火牆、入侵偵測難以應對人為攻擊，且容易被攻擊者所利用。找漏洞、系統更新的傳統想法不利於保障整體安全。因此，我們要提倡主動免疫可信計算。主動免疫可信計算是指計算運算的同時進行安全保護，以密碼為基因實施身份辨識、狀態度量、保密儲存等功能，即時辨識"自己"和"非己"成分，從而破壞與排斥進入機體的有害物質，培育網路資訊系統免疫能力。

——沈昌祥，中國工程院院士

可信計算提高網路資訊安全水準

CPU 怎樣支援可信計算？

▌可信計算是白名單的增強，只有經過鑒別的程式才能運行

可信計算（Trusted Computing）是一種安全管理機制，是採用專用安全模組對電腦的硬體、軟體進行監控，確保電腦上安裝的硬體和軟體都經過身份鑑別、符合預期功能。用這樣的電腦處理資訊是可信賴的，如果電腦被攻擊或篡改則能夠提早發現。

傳統安全機制有殺病毒、防火牆、入侵偵測，這 3 種方法都是被動地解決安全問題，不能即時抵禦新出現的未知惡意程式碼，電腦被攻擊後也需要較長時間找漏洞、系統更新。

可信計算的想法完全相反，是一種"主動免疫"的安全機制，可信計算技術架構如圖 4.5 所示。主要設計思想如下。

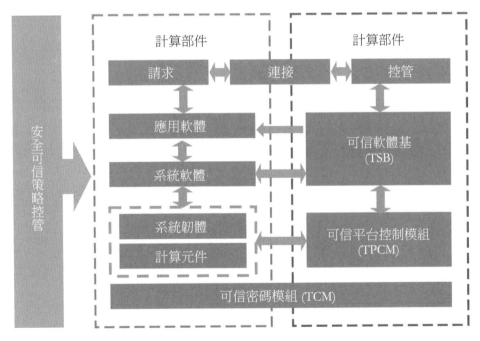

▲ 圖 4.5 可信計算技術架構

- 可信計算的硬體基礎是一個"可信模組"。支援可信計算的電腦要額外安裝一個可信模組,這個可信模組獨立於 CPU 工作。可信模組安裝在電腦的主機板上,主機板原來的通電順序需要進行改造,在電腦開機時由可信模組先啟動,而非 CPU 先啟動。可信模組對電腦中的所有其他模組具有最高的管理許可權。在電腦出廠之前,可信模組會對電腦上安裝的所有硬體、軟體進行掃描,把每一個硬體、軟體度量的關鍵特徵記錄在可信模組內部。

- 可信模組有自我檢驗和自我保護功能。電腦出廠後,可信模組本身功能邏輯及其內部記錄的關鍵特徵都無法被使用者修改。

- 在使用電腦的過程中,可信模組會檢查電腦上的資源是否和出廠狀態一致。可信模組會對硬體、軟體進行掃描,並和內部記錄的關鍵特徵進行比較。如果駭客或惡意程式修改了硬體、軟體的內容,可信模組可以即時發現這個變化,立即停止運行並告警。

可信模組的專業術語是"可信平台控制模組"(Trusted Platform Control Module,TPCM)。TPCM 的可信度量和驗證操作中都需要使用密碼演算法,所以 TPCM 中一般會整合專門的硬體密碼演算法模組,稱為"可信密碼模組"(Trusted Cryptography Module,TCM)。

可信計算的基本思想類似於"白名單"。電腦上的硬體和軟體模組都要經過度量才能成為可信的運算資源,只有可信的運算資源才允許運行。典型的可信資源包括 BIOS 韌體程式、CPU 型號、硬碟序號、網路卡序號、作業系統、應用程式等。

可信模組怎樣整合到 CPU 中？

▎ CPU 和可信計算模組的結合是 "內生安全" 的表現

可信模組可以用不同的方式實現，可以作為獨立模組安裝在電腦的主機板上，還可以和 CPU 整合為一個晶片。

某些 CPU 整合了可信計算的專用模組（見圖 4.6），可以獨立於處理器核心工作，這一設計使主機板不用再額外安裝可信模組，在降低成本的同時實現更高水準的 "內生安全"。

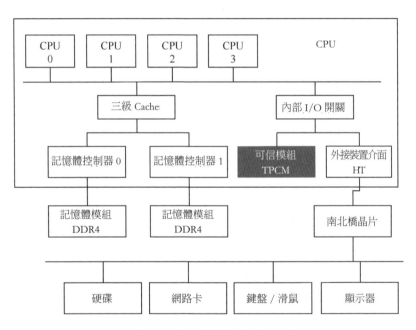

▲ 圖 4.6 整合了可信模組的 CPU

177

第 5 節
從一個到多個：平行

"真雙核心" 與 "假雙核心" 的說法是由 **AMD** 提出來的，**Intel** 將兩顆 **Pentium 4** 核心封裝在一個基板上，組成了 **Pentium D**，**AMD** 認為這種架構是假雙核心，而網友則更具想像力，將這種雙核心稱為 "膠水" 雙核心。

——《**Intel** 對決 **AMD**》，搜狐 **IT**，**2006**

2022 年發佈的 AMD 7950X 上有兩個 CCD，一個 CCD 有 8 個核心
（來源：techpowerup）

人多力量大：多核心

▌多核心是指在一個晶片中整合多個獨立的 CPU 單元

多核心（Multicore）是指在一個晶片中整合多個獨立的 CPU 單元，所有 CPU 可以共同執行計算工作。這樣的晶片稱為一個 Chip，而晶片整合的每一個 CPU 稱為一個處理器核心（Core）。

多核心是典型的 "橫向擴充" 設計思想。以前一味提高單一 CPU 的主頻、性能，已經接近了架構設計和實現製程的極限，莫爾定律的效果也在逐步降低。而增加計算單元的數量來提高運算能力，則相對要容易得多。

作業系統同時管理多個處理器核心，把應用程式的執行負載盡可能平均地分配在所有處理器核心上。不同的應用程式可以分配到不同的核心上運行，一個應用程式也可以用平行程式設計（Parallel Programming）的技術，把自身分解成同時運行的多個執行線索，例如多處理程序、多執行緒機制，這樣也可以使用多個處理器核心同時計算。

不止一個晶片：多路

▌多路是在一個電腦主機板上安裝多個獨立的 CPU 晶片

多路是指在一個電腦主機板上安裝多個獨立的 CPU 晶片。多路也是透過 "橫向擴充" 來增加計算單元數量的方法，可以克服多核心技術在一個晶片內的集成度和功耗限制。

多路主要用於伺服器主機板上，適用於大併發量的 Web 伺服器、資料庫、雲端運算等場景。整個伺服器中包含的 CPU 數量的計算公式為 "CPU 數量 = 路數 × 每個晶片包含的核心數"。四路伺服器在一個主機板上安裝了 4 個獨立的 CPU，每個 CPU 包含 4 個 CPU 核心，這樣一台伺服器的總核心數是 4 × 4 = 16，如圖 4.7 所示。

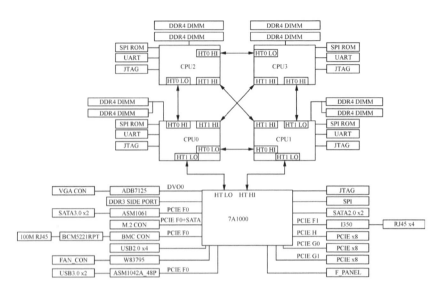

▲ 圖 4.7 四路伺服器在一個主機板上安裝了 4 個 CPU

作業系統對一個主機板上的多個處理器晶片統一管理,儘量將計算任務平均分配到所有處理器核心上。

多路架構還有一個好處是 "計算性能和儲存性能的平衡"。在計算性能方面,一個伺服器主機板透過安裝多個 CPU 晶片而提高核心數,並且可以根據計算任務的需求而靈活設定成雙路或四路;在儲存性能方面,每一個 CPU 都有獨立的記憶體存取通道,多個 CPU 可以平行地存取記憶體,這樣可以成倍提升記憶體存取頻寬。相比之下,如果是在一個晶片內部單純提高處理器核心數,雖然計算指標得到提升,但是記憶體存取通道的數量少,將形成存取記憶體瓶頸,最終限制整機性能表現。

管線和執行緒的結合:硬體多執行緒

多執行緒(Multi-threading)是平行程式設計的一種技術,是指一個應用程式可以建立兩個及以上獨立的執行線索,這兩個執行線索分別執行不同的指令序列。每一個執行線索稱為一個執行緒(Thread)。

電腦對多執行緒有軟體、硬體兩種實現方式。

在軟體的實現方式中，作業系統控制 CPU 實現 "分時重複使用"，CPU 的執行時間分成很多小的單位，在不同的時間段中分別執行不同執行緒的指令序列。由於時間段的單位非常小（一般在 100ms 以內），執行緒切換的速度非常快，因此給使用者的感覺是所有執行緒在同時運行。但實際上每個執行緒使用的資源都只佔 CPU 時間的一部分。

在硬體的實現方式中，一個 CPU 核心在硬體上支援多個執行緒的執行環境。每個執行緒的執行環境都包括一套暫存器、一套管線、一套數值計算單元等。CPU 可以將多個執行緒都以硬體的方式執行，只要實際運行的執行緒數量不超過 CPU 支援的執行環境數量，就不需要分時重複使用，這是真正意義上的並存執行。

硬體支援的多執行緒技術也稱為 "同時多執行緒"（Simultaneous Multi-Threading，SMT），在有的文獻中也稱為 "超執行緒"。據 Intel 公司發表的文獻，支援 2 套執行緒執行環境的 CPU，能夠以增加不到 10% 電晶體的代價取得平均 60% 的性能提升。

SMT 是現代 CPU 核心的最後一次大的結構改進。SMT 是管線技術與多執行緒技術的深度結合，執行機制複雜，出現時間較晚，大約在 1996 年形成學術成果[1]，2000 年以後推出成熟產品。支援 SMT 的典型 CPU 有：2002 年左右推出的 DEC/Compaq 的 Alpha 21464（EV8），主要使用在高端伺服器上；Intel 在 2002 年推出的 Pentium 4 HT 處理器，把這一技術帶入消費級市場（見圖 4.8）；IBM 則直到 2015 年，才在大型主機 z13 系統上實現 SMT 技術。

---

[1] Dean Tullsen, Susan Eggers, Joel Emer, Henry Levy, Jack Lo, and Rebecca L. Stamm, Exploiting Choice: Instruction Fetch and Issue on an Implementable Simultaneous Multithreading Processor, ISCA 23, May, 1996.

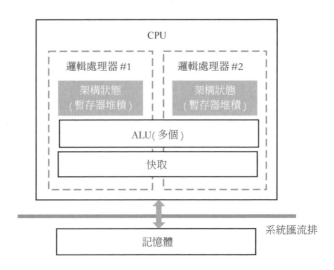

▲ 圖 4.8 Intel Pentium 4 HT 處理器支援 SMT 技術，一個晶片內包含
兩個硬體執行緒（2002 年）

硬體多執行緒（SMT）的本質思想和多核心、多路一樣，都是利用 "空間換時間" 的手段，在電腦中增加更多的 CPU 執行單元來減少軟體執行時間。

用於衡量平行加速比的 Amdahl 定律

▌Amdahl 定律是電腦工程中經典的定量計算公式

一個科學計算問題需要改造成多核心導向的結構，才能真正發揮多核心的效率。這種改造就是要把科學計算問題改成平行算法，將問題分解為同時計算的多個子問題，每個子問題分配到獨立的處理器核心上計算。假設一個問題在單一處理器核心上執行時間為 T，理論上在 n 個核心上同時運行的最短時間為 T/n。

但是，一個科學計算問題並不一定總是可以平行分解的。有一些計算過程只能嚴格地遵循先後順序，這樣的問題只能採用串列演算法。串列演算法最多只能在一個處理器核心上運行。

1967 年由 IBM 360 系列機的主要設計者阿姆達爾（Amdahl）提出的 Amdahl 定律，是電腦系統設計的重要定量原理之一。Amdahl 定律在本質上指出，系統中對某一計算問題採用更快執行方式所能獲得的性能改進程度，取決於這種計算問題被使用的頻率，或所佔總執行時間的比例。

Amdahl 定律也可以衡量多核心對計算問題的性能提升幅度。對於計算問題在多核心上運行所帶來的性能提升，取決於計算問題中可以改造成平行演算法的比例。

$$S=1/(1-a+a/n)$$

上式中，a 為平行計算部分所佔比例，n 為平行處理節點個數（即多核心的核心數）。S 為平行算法相比串列演算法的性能提升幅度，稱為 "加速比"。

可以列舉幾個邊界資料來驗證這個公式。當 $a=1$ 時（即沒有串列，只有平行），最大加速比 $S=n$，即平行算法只需要串列演算法的 $1/n$ 時間；當 $a=0$ 時（即只有串列，沒有平行），最小加速比 $S=1$，即平行算法和串列演算法的時間相同，多核心沒有發揮作用。最後還有一種情況，假設核心數無限增大，當 $n \to \infty$ 時，極限加速比 $S \to 1/(1-a)$，這也就是加速比的上限。舉例來説，若串列程式佔整個程式的 25%，則平行處理的整體性能不可能超過連續處理的 4 倍。

Amdahl 定律給軟體程式設計人員的啟示是要盡可能增大演算法中的平行部分，而非一味追求高核心數的電腦系統。這在運算資源極為昂貴的 20 世紀 60 年代是非常有價值的定律。

平行電腦的記憶體

AMD 最新的 EPYC 9654 成為史上最快的 CPU，可支援 SMP。

AMD EPYC 9654（來源：AMD）

平行電腦的記憶體結構：SMP 和 NUMA

SMP 是指 CPU 存取所有記憶體的速度相同， NUMA 是指 CPU 存取記憶體的速度有差異

平行電腦（Parallel Computer）是指一個電腦中包含多個 CPU 單元，具體實現方式包括前面所講的多核心、多路。多個 CPU 與記憶體的連接方式形成不同的結構。

"對稱多處理"（Symmetrical Multi-Processing，SMP）是平行電腦的一種記憶體組織方式，所有 CPU 都可以存取所有記憶體。CPU、記憶體之間透過一種高速的互聯網路進行資料傳遞。所有記憶體組成一整塊統一的位址空間，軟體無論運行在哪一個 CPU 上，只要按照唯一的記憶體位址就能存取到相同的記憶體單元。所有 CPU 存取所有記憶體單元的時間是相同的。

"非統一記憶體存取"（Non Uniform Memory Access，NUMA）是另外一種記憶體組織方式，每個 CPU 都安裝記憶體模組（稱為本地記憶體），所有 CPU 之間透過互聯網路進行合作，每個 CPU 還能存取其他 CPU 安裝的記憶體（稱為遠端記憶體）。CPU 存取本地記憶體的速度比存取遠端記憶體更快，這也就是 "非統一" 這個詞語的含義。

SMP 與 NUMA 記憶體模型如圖 4.9 所示。

SMP 的優點是結構簡單，缺點是當 CPU 個數增加和記憶體容量增大時會造成互聯網路銷耗增大，容易成為擴充的瓶頸。而 NUMA 相比 SMP 更容易支援大容量記憶體，互聯網路不容易成為瓶頸，相容了共用記憶體的方便性和系統擴充的靈活性。

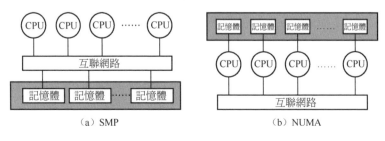

(a) SMP　　　　　(b) NUMA

▲ 圖 4.9 SMP 與 NUMA 記憶體模型

SMP 和 NUMA 架構都在 20 世紀 90 年代推出主流商業系統。

平行電腦的 Cache 同步

▍快取設計的關鍵問題是資料同步

平行電腦中，每個 CPU 單元都可能含有 Cache，所以需要考慮所有 CPU 之間的 Cache 資料同步機制。

目前最常用的方法是基於目錄的 Cache 一致性協定。在互聯網路中實現一個全域的目錄表，表中的每一項記錄一個儲存單元的狀態，也就是這個儲存單元在哪些 CPU 的 Cache 中已經有備份。當一個 CPU 寫入記憶體時，要查詢目錄表，如果該記憶體單元在其他 CPU 中含有備份，則向其他 CPU 發送廣播通知。目標 CPU 收到通知後，更新自身包含的 Cache 資料。

Cache 目錄一致性協定以很簡單的結構實現了平行電腦中多個 CPU 之間的資料同步，既適用於 SMP 也適用於 NUMA。

平行電腦的 Cache 一致性

▍嚴格的一致性會嚴重喪失性能，"弱一致性" 是電腦製造者和程式開發人員的妥協

Cache 目錄一致性實現了多個 CPU 之間的 Cache 同步。但是不同電腦對 Cache 更新通知的時序規定了不同的原則。

- 強一致性：系統中所有更新 Cache 的通知要執行結束，才允許各 CPU 執行後續的存取記憶體指令。這種方式使所有處理器核心之間嚴格保證 Cache 一致性，但是會使各 CPU 花費大量時間等待 Cache 通知結束，從而降低了系統性能。

- 弱一致性：各 CPU 不需要等待所有 Cache 通知執行結束，就可以執行存取記憶體指令。在這種情況下，CPU 硬體不維護所有 Cache 的強制一致性，某一個 CPU 寫入記憶體的行為可能不會即時通知到所有其他 CPU，這時不同的 CPU 會在 Cache 中讀取出不同的數值。如果程式設計師覺得在有些程式中必須保證強一致性，可以呼叫 CPU 提供的一行 "記憶體同步指令"，強行使 CPU 等待所有 Cache 更新結束。

目前絕大多數實際的平行 CPU 都採用弱一致性。弱一致性讓程式設計師承擔了很少量的維護代價，但是性能比強一致性要高很多倍。程式設計師在撰寫平行算法時，對於多個執行緒要存取相同記憶體單元的位置，只需要適當插入 "記憶體同步指令" 來使執行緒 "看" 到一致的資料。

什麼是原子指令？

▍所有多核 CPU 都會提供實現原子操作的指令

原子指令（Atomic Instruction）用於在多個 CPU 之間維護同步關係。在一些科學計算問題中，透過平行算法把子問題分配到多個 CPU 上執行，但是各個子問題之間存在合作關係，因此需要硬體機制來實現多個 CPU 之間的同步。

一個典型的同步例子是 "原子加 1" 問題。舉例來説，一個 CPU 要對記憶體單元 M 中的資料加 1，這個動作需要 3 行指令來完成：讀取 M 的值到暫存器 R，對 R 執行加 1 運算，把 R 的值寫回記憶體單元 M。如果電腦中只有一個 CPU，執行上面 3 行指令不會有任何問題。但是如果 CPU 有兩個，則可能在一個 CPU 執行過程中，另一個 CPU 也執行這 3 行指令，最後 M 的結果不是增加 2 而是增加 1。圖 4.10（a）展示的就是無原子指令保護時的一種錯誤結果。

原子指令可以實現一個 CPU 獨佔執行時間。使用原子指令把連續多行指令包含起來，電腦保證只有一個 CPU 處於執行狀態，其他 CPU 必須等待原子指令結束才能繼續執行。圖 4.10（b）展示的就是實現 "原子加 1" 的正確方法。

原子指令的實現機制一般是在 CPU 的互聯網路中實現一個全域的原子暫存器，所有 CPU 對這個原子暫存器的存取是互斥的。CPU 使用原子指令申請存取原子暫存器時，互聯網路會對所有 CPU 進行仲裁，確保只有一個 CPU 可以獲得對原子暫存器的存取權；如果有 CPU 獲得了原子暫存器存取權，其他 CPU 必須等待該 CPU 釋放許可權才能繼續執行。

CPU1	CPU2
讀取 M	
	讀取 M
	R+1
R+1	寫入 M
寫入 M	

CPU1	CPU2
原子指令開始	
讀取 M	
R+1	
寫入 M	
原子指令結束	
	原子指令開始
	讀取 M
	R+1
	寫入 M
	原子指令結束

（a）無原子指令保護　　　　　（b）有原子指令保護

▲ 圖 4.10 原子指令實現 CPU 同步

CPU 中的原子指令有兩條，LL 指令用於獲取獨佔許可權，SC 指令用於釋放獨佔許可權。這兩行指令通常是成對的使用。在需要實現 CPU 同步的程式中，LL 指令放在 "原子指令開始" 的位置，SC 指令放在 "原子指令結束" 的位置。x86、ARM 也都有實現類似功能的原子指令。

學習過資料庫原理的讀者可以發現，原子指令類似於資料庫中的事務（Transaction）的概念。事務是指一個使用者對資料的修改是獨立完成的，不受其他使用者的影響。原子指令實際上也是對連續的一段指令實現 "事務化"，在執行期間不受其他 CPU 影響。

第 **7** 節
集大成：從 CPU 到電腦

賈伯斯常常與沃茲一道在自家的小車庫裡琢磨電腦。製造個人電腦必需的就是微處理器，他們終於在 1976 年度舊金山電腦產品展銷會上買到了摩托羅拉公司出品的 6502 晶片，功能與 Intel 公司的 Intel 8080 相差無幾，但價格卻只要 20 美金。他們設計了一個電路板，將 6502 微處理器和介面及其他一些元件安裝在上面，透過介面將微處理機與鍵盤、視訊顯示器連接在一起，僅幾個星期，電腦就裝好了。賈伯斯的朋友都被震撼了，但他們都沒意識到，這個其貌不揚的東西就是世界上的第一台個人電腦。

——《賈伯斯和蘋果的故事》，1998

第一台個人電腦 Apple-1，主機板未裝箱，連接鍵盤、顯示器

匯流排：電腦的神經系統

> **匯流排是電腦中模組之間的通訊線路。匯流排連接了 CPU、記憶體、外接裝置等電腦中的主要模組**

匯流排（Bus）是模組之間的通訊線路，是把所有模組連接起來的樞紐，是 CPU 作為電腦的大腦來指揮其他模組的神經中樞。

匯流排分為不同的類型，用於連接不同種類的模組。電腦的核心模組要求高速的互聯，例如 CPU 與記憶體之間的連接，這種匯流排稱為 "系統匯流排"，有的公司稱為 "前端匯流排"；而用於連接週邊設備的匯流排則不要求這麼高的計算速度，稱為 "外接裝置匯流排"。

有的電腦採用一個獨立的晶片來管理週邊設備，稱為南北橋晶片。南北橋晶片可以看作 CPU 的 "副官"，把管理外接裝置的工作接管過來。南北橋晶片一端接 CPU，另一端接各種外接裝置。

有的 CPU 把南北橋晶片整合在同一個晶片內部，CPU 直接引出外接裝置介面。這樣的晶片集成度高，節省主機板面積，在桌上型電腦、筆記型電腦上廣泛使用。但伺服器因為外接裝置類型複雜，多數情況下還是需要一個獨立的南北橋晶片，甚至在南北橋晶片下面還需要再連接更多擴充外接裝置介面的晶片，形成了多個層級的外接裝置匯流排，避免在一筆匯流排上裝置太多而造成資料堵塞。

外接裝置匯流排的資料傳輸速度，取決於實際中要處理的資料量的大小。桌上型電腦上逐漸普及目前最新的 PCIe 4.0 外接裝置匯流排，理論峰值速度達到 2GB/s，這對日常生活中傳輸圖片、音樂、電影等資料來說，基本上就夠用了。

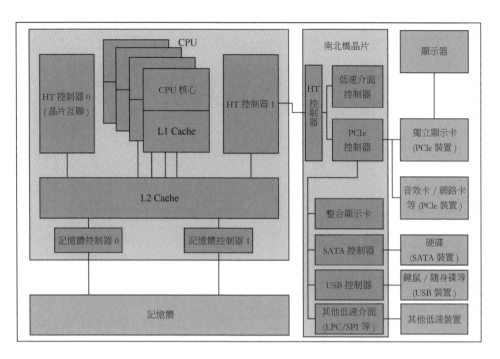

▲ 圖 4.11　使用南北橋晶片的主機板結構

從 CPU 到電腦：主機板

▎主機板是一塊電路板，把電腦中的主要模組連接起來

主機板（Motherboard）是電腦中的一塊電路板，所有主要的電子元件都焊接在主機板上，還有一些週邊設備以獨立的電路板插到主機板的 I/O 擴充槽上。

CPU、記憶體模組、南北橋晶片、顯示卡、網路卡以及其他主要電路模組都安裝在主機板上，這樣共同組合成一台完整的電腦。CPU 和主機板都封裝在主機外殼裡，平時看不到，只有打開主機外殼才能一睹 CPU 的 "芳容"。

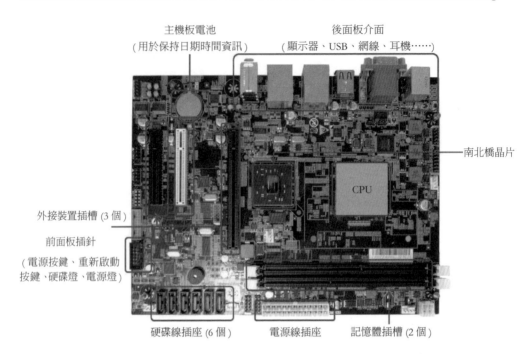

▲ 圖 4.12　桌上型電腦主機板（尺寸：24.5cm×18.5cm）

大部分的桌上型電腦主機板是一塊典型的印刷電路板（Printed Circuit Board，PCB）。印刷電路板由絕緣底板、電路導線和連接電子元件的焊接端點組成，把電子系統中複雜的佈線整合起來，可以透過自動化的機器來焊接元件，在出現問題時也可以方便地進行維護和整體替換。

CPU 安裝到主機板上的方式有焊接、插座兩種。常用的一種封裝方式是球柵陣列封裝（Ball Grid Array，BGA），在晶片下面有一組焊球，每一個焊球都是CPU 的接腳。在生產電腦時，使用自動化的機器把 CPU 焊接到主機板上，不僅提高了電子裝置生產速度，還提高了抵抗震動的可靠性，另一種封裝方式——柵格陣列封裝（Land Grid Array，LGA），不需要使用焊接，而是用一個安裝扣架把 CPU 固定在主機板上，利用扣架的壓力使 CPU 的接腳和主機板連接，可以隨時解開扣架更換 CPU，這種方式非常便於維護和升級，在桌上型電腦、伺服器中使用較多。

印刷電路板不僅可以支援多層結構，即多個絕緣層和導線層交替疊加在一起，還可以支援更大密度的電路佈線。大多數電腦主機板都是 4 層或 6 層板。

印刷電路板的創造者是奧地利人保羅・艾斯勒（Paul Eisler），他於 1936 年首先在收音機裡採用了印刷電路板。1948 年美國將此發明廣泛用於商業用途，印刷電路板從此開始出現在每一種電子裝置中。

CPU 運行的第一個程式：BIOS 韌體

▍BIOS 是固化到主機板上的軟體，是開機後執行的第一個程式

韌體（Firmware）是指向電子硬體中嵌入的軟體程式。這種電子硬體一般帶有讀寫的記憶體，軟體程式可以寫入記憶體中來改變電子硬體的功能。

電腦中最重要的韌體是基本輸入輸出系統（Basic Input Output System，BIOS），BIOS 包含了電腦在開機時需要運行的初始化程式。BIOS 儲存在主機板上的 "唯讀記憶體"（Read-only Memory，ROM）晶片中，這個晶片的內容是在電腦出廠之前使用專業的生產裝置寫入的，出廠後就固化住，使用者一般不用修改。

BIOS 是 CPU 運行的第一個軟體。在電腦主機板開機通電時，CPU 從 ROM 中讀取軟體程式來執行。

BIOS 主要執行 3 方面的功能，工作流程如圖 4.13 所示。

- 系統自檢。BIOS 會對電腦上所有硬體進行探測，確保電腦中已經正確安裝了所有必要的模組。要探測的內容有 CPU 型號、實體記憶體容量、鍵盤、滑鼠、硬碟、顯示器、網路卡等。BIOS 還會對記憶體模組進行資料讀寫驗證，如果寫入記憶體的資料和讀出來的不一致，則代表記憶體有壞單元，BIOS 會發出警告，停止啟動。

- 初始設定。BIOS 提供選單介面，使用者可以對電腦進行一些設定。電腦的
  說明書中都會專門說明 BIOS 的設定方法。舉例來說，在 BIOS 中可以設定
  開機密碼，使用者只有輸入正確密碼才能進入系統；可以設定電腦的日期、
  時間，查看 CPU 的溫度；還可以設定電腦上啟動作業系統的存放裝置是從
  光碟啟動還是從硬碟啟動。在伺服器上，還可以設定磁碟陣列（Redundant
  Arrays of Independent Disks，RAID），使用多個磁碟組成容錯備份來提高
  資料儲存的安全性。

- 載入作業系統。這是 BIOS 最重要的功能，在系統自檢通過後，BIOS 從存放
  裝置（硬碟或光碟）上找到作業系統的檔案，把作業系統的引導程式載入到
  記憶體中運行。至此，BIOS 就完成了全部任務，接下來就由作業系統來接管
  整個電腦。

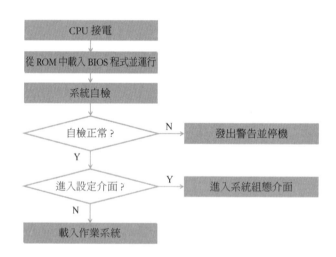

▲ 圖 4.13 BIOS 的工作流程

BIOS 的整個生命週期就是從電腦通電開機，直到作業系統投入運行。電腦上
BIOS 的執行時間只有短短幾秒。BIOS 的程式規模也很小，現在一個 4MB 的
ROM 晶片就可以裝下。

大部分電腦使用的 BIOS 一般採用開放原始碼軟體專案進行改造，近幾年大部分
的電腦則轉為使用功能更先進、更符合業界最新標準的 UEFI 專案。

韌體屬於一個專業狹窄的開發領域，不會直接向消費者銷售，只能銷售給 CPU 廠商、電腦廠商。韌體又是一個開發難度非常高的產品，需要開發人員對電腦原理有全面的理解，又需要開發人員與時俱進地學習各種新型硬體裝置。因此，專業做韌體的廠商在市場上只有很 "小眾" 的幾家，從事韌體開發的人員也是電腦人才中的菁英，掌握韌體開發能力是會 "造電腦" 不可缺少的環節。

協作工作：在 WPS 中敲一下按鍵，電腦裡發生了什麼？

《深入理解電腦系統》整本書都是在回答這樣一個看似簡單的問題

使用者使用電腦的過程，也是 CPU、作業系統、應用程式、週邊設備協作工作的複雜過程。

本書書稿是在電腦上使用辦公軟體撰寫的。在筆者寫這段文字的過程中，每次敲下一個按鍵，電腦裡就會發生下面的事情。

（1）鍵盤探測到有按鍵被按下，然後會發出一個電信號給主機板上的南北橋晶片。

（2）南北橋晶片接收到來自週邊設備的電信號，並把這個事件資訊儲存在自身的暫存器中。南北橋晶片透過系統匯流排向 CPU 的中斷接腳發出通知訊號。

（3）CPU 收到中斷訊號，先儲存在自身的 "中斷狀態暫存器" 中。

（4）在 CPU 的指令管線中，提取指令單元從記憶體中載入指令的同時，會把中斷狀態暫存器的內容附在指令後面送入亂數執行的重排序快取（Reorder Buffer）中。在派發指令時，檢查到重排序快取中有中斷狀態，則按照例外的處理機制，撤銷還沒有提交（COMMIT）的指令。

（5）CPU 切換特權等級，提升為作業系統許可權，把當前指令位址強行修改為作業系統中處理中斷的軟體模組入口，即中斷處理常式的入口。

（6）中斷處理常式檢查南北橋晶片的暫存器，提取出最早觸發中斷的來源，發現是一個鍵盤事件。中斷處理常式讀取暫存器的內容，判斷是哪一個按鍵的編碼。

（7）中斷處理常式檢查是哪個應用程式在等待按鍵。由於是在辦公軟體介面中按下鍵盤，中斷處理常式要把這個按鍵編碼傳遞給辦公應用程式。具體做法是在作業系統中維護一個針對辦公應用程式的鍵盤事件佇列，剛剛按下的按鍵編碼被加入這個佇列中。鍵盤事件佇列位於作業系統的核心資料區。

（8）中斷處理常式執行結束後，返回作業系統。

（9）作業系統切換 CPU 的特權等級，降低到應用程式許可權，把辦公應用程式恢復運行。

（10）辦公應用軟體變成活躍狀態，接收按鍵事件。辦公軟體無法直接便捷鍵盤事件佇列，而是需要使用系統呼叫（System Call）來獲取作業系統的服務，由作業系統讀取核心資料區，把鍵盤事件佇列中的按鍵編碼傳遞給辦公應用程式。

（11）辦公應用程式已經接收到了按鍵的編碼，需要在介面中顯示輸入的字元。具體過程是辦公應用軟體呼叫繪圖函數，控制顯示卡裝置進行繪圖，顯示卡會把影像資訊傳遞給顯示器，這樣就在電腦螢幕上描繪出正確的字元點陣。

電腦處理一次按鍵事件的流程如圖 4.14 所示。

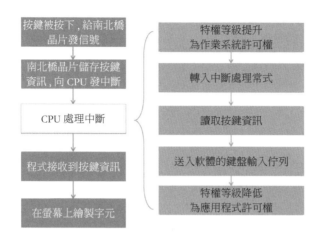

▲ 圖 4.14　電腦處理一次按鍵事件的流程

電腦為什麼會當機？

▍解決當機問題是掌握電腦設計能力的必經之路

"當機" 是指電腦在使用過程中失去回應、介面不再變化，無法正常操作。當機是電腦發生的一種故障，不僅影響使用者使用體驗，還會造成業務資料來不及儲存而遺失，嚴重時甚至會造成不可挽回的事故。

消除當機問題是製造電腦過程中的重要工作。任何複雜工程產品都有可能存在設計缺陷，電腦產品是人類發明的高端精密裝置，在原型樣機階段都有可能存在一定機率的當機問題，工程師需要投入大量時間排除當機原因、提升產品穩定性，有的深層次、低機率當機問題更是需要以月甚至以年為單位的時間來解決。

筆者在多年間數次親自解決當機問題，每一次解決當機問題都是一段值得回味的經歷。排除當機問題有點類似於在寶箱中捉蟲，也帶有偵查案件的懸念。這裡僅列舉幾個電腦曾經排除過的當機問題。

- 作業系統問題。這種問題屬於軟體的 bug，佔據絕大多數的當機原因。許多作業系統來自開放原始碼的 Linux，而 Linux 作為社區開發的產品更新速度很快，社區不會每次升級時都在所有 CPU 上做完善測試。有可能新版本加入的功能對 CPU 有不適合的程式，這就會使電腦陷入當機。解決方法往往是等待社區在下一個版本推出修訂程式，也有很多次是由 CPU 開發團隊自主完成修改後提交給社區。

- 主機板硬體電路不穩定。有的電腦使用了低品質的電源，供電不穩定，偶爾不能提供足夠的電流，造成電晶體單元沒有足夠電壓來翻轉 0、1 狀態，這樣造成 CPU 內部的暫存器、指令管線儲存了錯誤的二進位資料，直接造成軟體邏輯失控。還有一種可能是 CPU 和記憶體模組之間的電路連線訊號不穩定，在設計主機板時沒有嚴格保證多筆資料訊號線之間的等長關係，或是資料訊號線之間距離太近而引發電磁效應、造成串擾。有經驗的硬體工程師都把電源、記憶體視為穩定性問題的兩大根源，"電源是血脈、記憶體是倉庫"。

- 外接裝置故障。有些 AMD 公司的一款顯示卡，偶爾會發生影像固定不變、電腦不聽使喚的現象。經過查詢 AMD 公司的首頁，發現這個問題已經在問題列表中。當 CPU 對顯示卡發出某一種命令的組合時，顯示卡不能即時返回訊號，造成 CPU 陷於等待狀態，無法繼續執行。最後按照該廠商額外提供的技術手冊，換成另外一種命令組合方式避開了這個問題。

解決當機問題是對電腦工程師的最大考驗之一，也是提升能力的最好機會。一個高水準的工程師一定是建立在多年解決問題的經驗上的。CPU 團隊應徵員工的常用的面試題目是 "你解決過的最難的 bug 是什麼？" 這個問題也可以作為檢驗工程師綜合能力的試金石。

每一次解決當機問題，都增強了工程師對整個電腦系統原理的認識。目前大部分的商用電腦已經可以達到一年 365 天不關機，長年運行也不再受當機問題困擾，持續提供 "穩固" 的計算服務。

CPU
生產製造篇
從電路設計到
矽晶片的實現

第**1**節
化設計為實物

1987 年，台灣工研院和荷蘭飛利浦合資成立台積電，由來自德州儀器出身的張忠謀擔任董事長兼 CEO。當時半導體業界流行垂直整合生產模式，半導體公司自行設計並製造晶片，並需要進行後續的測試封裝等工作。但台積電開創出晶圓專業代工模式，徹底改變半導體產業運作，和晶圓代工公司彼此合作的新模式。

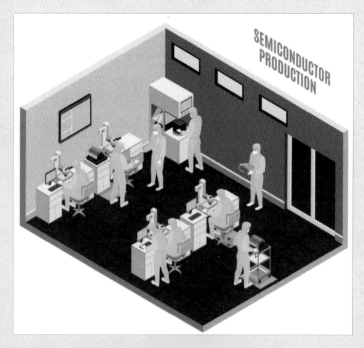

半導體晶片在無塵超淨廠房生產

PU 是誰生產出來的？

▌IC 設計公司把 CPU 設計成果交付給流片廠商

CPU 的生產過程，就是從數位電路到半導體晶片的物理實現的過程。數位電路描述的是電晶體之間的連接關係，是抽象的設計；半導體晶片是可以安裝到電子裝置中的實際元件。

半導體行業形成了“設計”和“生產”相分離的精細產業分工。大多數晶片公司只做設計工作，生產工具只有電腦和 EDA，主要由電子工程師從事腦力活動，沒有生產線和工人，這樣的公司稱為“無晶圓廠 IC 設計公司”（Fabless）。

IC 設計公司把晶片製造外包給專業的晶圓代工廠。晶圓代工廠的工作內容包括生產晶圓、流片、封裝、測試，甚至這 4 個方面的工作也可能由不同的公司分工完成。

晶片設計和製造流程如圖 5.1 所示。

▲ 圖 5.1　晶片設計和製造

典型的晶片設計公司工作內容是 CPU 的設計研發。CPU 的實際生產過程是交給晶片生產廠商的，下單購買晶片生產服務，晶片廠商按期交付生產好的晶片產品。

CPU 的前端設計工程師使用 Verilog 語言描述電路結構，利用 EDA 的“邏輯綜合”（Logic Synthesis）工具轉換成閘級的電路描述，即“網路表”（Netlist）。物理設計工程師拿到網路表後，經過佈局、佈線確定電晶體在晶片中的實際位置，形成交付給流片廠商的最終成品，即積體電路佈局檔案。

積體電路佈局檔案是生產廠商所使用的技術檔案，也稱為 GDS2 檔案。由於 GDS2 檔案體積較大，需要儲存整個晶片上所有電晶體、金屬連線和各層之間的連接關係，因此在早些年都是將其記錄在磁帶裝置上交給半導體工廠。磁帶裝置的成本遠低於磁碟，非常適合於批次儲存大規模的資料，到現在磁帶裝置也還廣泛應用於資料備份等場合。

"流片"這個術語就是起源於磁帶裝置。磁帶裝置儲存的是流式資訊（即必須從前到後順序式地存取，不能像磁碟一樣任意存取所有位置），所以把 GDS2 檔案交給廠商的過程叫作 tapeout，中文就翻譯成"流片"。現在網路發達，已經不再需要使用磁帶裝置，但是"流片"這個習慣用語還是一直在使用。

CPU 設計者為什麼要"上知天文、下知地理"？

▌知其然也要知其所以然，可以不做但不可以不會

CPU 的設計過程就是對億萬個電晶體做"排兵佈陣"，使用巨量的半導體電路單元實現一個電腦系統結構。CPU 的設計者是所有電晶體的將領，需要"上知天文、下知地理"。

"上知天文"是指 CPU 設計者需要懂得 CPU 上面承載的軟體的原理，包括作業系統、編譯器和應用軟體生態。CPU 是這些軟體的運行平台，也是為軟體提供運行能力的服務者。CPU 設計者必須了解軟體的原理和特點，才能更進一步地理解軟體的需求、設計出滿足需求的優秀 CPU。如果不理解軟體的需求，做 CPU 只能是閉門造車。

"下知地理"是指 CPU 設計者需要懂得 CPU 的生產製造技術，包括電路邏輯、半導體製程、生產材料。雖然 CPU 設計者大部分時間使用 Verilog 語言來抽象地描述電路結構，但是如果要使電路結構發揮出最大潛力，充分節省面積、提高速度、降低功耗，那就必須要懂得流片製程。所以 CPU 設計者也要懂得底下一層的原理，要經常和流片廠商互通資訊。

"上知天文、下知地理"是對 CPU 設計者提出的全面的素質要求。在設計 CPU 時遇到問題，經常需要用其上層或下層的原理進行解釋，"知其然也要知其所以然"是做工程的基本功，上層和下層的原理是就職前的必要儲備，"可以不做但不可以不會"。

在 CPU 團隊有一個現象，很多優秀工程師都有跨行轉職的經歷。舉例來說，做應用軟體出身的程式設計師轉行做作業系統開發，能夠從產品角度對作業系統的介面風格、應用工具做出更貼近使用者需求的設計；有 Java 程式設計經驗的人搞 Java 虛擬機器平台開發，能夠站在應用程式設計人員的需求角度，對虛擬機器提出更有價值的改進和最佳化方向；學物理、數學出身的人搞 CPU 物理設計，能夠更自如地理解奈米製程下電晶體的行為特性，以理論指導工程設計，做出更優秀的電晶體積體電路佈局。

就像《論語》說的"君子不器"，做任何行業不僅要有一技之長，還要對多種學科融會貫通。學完本書的 CPU 通識課，也能夠幫助讀者在從事其他科學時更容易成功。

什麼是 CPU 的奈米製程？

▍CPU 的奈米製程是指柵極閘極通道的最小寬度

奈米技術（Nanotechnology）是利用單一原子、分子來生產製造物質的技術。廣義來講，凡是生產製造工具的可控精度在奈米等級，或生產材料的測量尺度在奈米等級的，都可以算是奈米技術。"奈米等級"通常是指 0.1nm~100nm，是目前微加工技術的極限。

CPU 的奈米製程的專業定義是指"柵極閘極通道的最小寬度"。一個電晶體有 3 個接腳，電晶體導通的時候，電流從源極（Source）流入漏極（Drain），中間的柵極（Gate）相當於一個水龍頭的閘門，它負責控制源極和漏極之間電流的通斷，如圖 5.2 所示。柵極的最小寬度就是奈米製程中的數值。

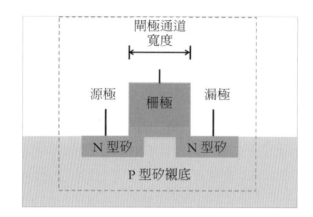

▲ 圖 5.2　電晶體的柵極閘極通道寬度

在網路文章中，CPU 的奈米製程經常被描述為 "兩個電晶體的間距"，或被描述為 "電晶體本身的大小"，嚴格講都是不準確的，這是典型的科學傳播中產生的訛誤。無論是電晶體的間距，還是電晶體本身的大小，都要大於柵極的寬度。

柵極的寬度對晶片的功耗和回應速度都有影響。電流透過柵極時會損耗，柵極越窄則晶片的功耗越小。柵極越窄也可以使電晶體的導通時間變短，有利於提升晶片的工作頻率。

世界上最先進的半導體奈米製程都是首先用來製造 CPU 的。1978 年 Intel 8086 的蝕刻尺寸為 3μm（3000nm），2006 年初 Intel Core 採用 65nm 製程，2016 年第七代 Corel 系列 KabyLake 架構的處理器使用 14nm 製程。2020 年蘋果公司推出 A14 處理器，採用 5nm 製程。

第**2**節
矽晶片的由來

>>>

聯華電子 14 奈米鰭式場效電晶體（FinFET）製程技術，已於 2017 年量產晶圓出貨給主要客戶，且良率已達先進製程的業界競爭水準，此製程將幫助客戶於電子產品開拓嶄新的應用。位於台南的 Fab12A 廠目前為客戶量產 14 奈米的客戶產品，預計將依據客戶需求穩定增長 14 奈米產能。

聯華電子 14 奈米技術特點為公司自主研發的 14nm FinFET 技術，其特點包括鰭式模組、高介電材料 / 金屬閘極（High-k / Metal Gate）堆疊、低介電材料（low-k）隔板、應變工程（strain engineering）、中端（MoL）以及後端（BEOL）模組。該製程技術對於在同一設計中，對高性能和低功耗兼具的需求應用，是最理想的選擇。

——聯華電子公司網站

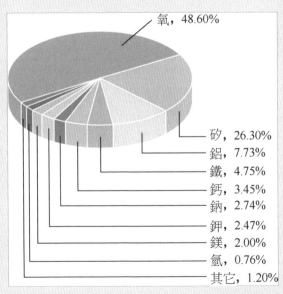

氧，48.60%
矽，26.30%
鋁，7.73%
鐵，4.75%
鈣，3.45%
鈉，2.74%
鉀，2.47%
鎂，2.00%
氫，0.76%
其它，1.20%

地殼裡各種元素的含量，矽是非常充足的資源

為什麼要把矽作為生產晶片的首選材料？

▍矽是儲量豐富、性能優良的半導體製造材料

CPU 的生產流程是 "從沙子變成晶片之旅"，生產晶片的矽是從沙子中提取出來的，沙子的主要成分是二氧化矽（SiO_2），主要來源是地殼中的岩石，岩石在外力作用下形成碎片，又在多年風化作用之下形成沙子。

為什麼要把矽作為生產晶片的首選材料呢？

地殼中含量最高的元素是氧，佔 48.60%；其次是矽，佔 26.30%。所以矽是非常充足的資源，不會像石油、稀土一樣成為稀有資源。

矽又是一種非常合適的半導體（Semiconductor）材料。半導體的定義是指常溫下導電性能介於導體與絕緣體之間的材料。

純淨的矽是良好的絕緣體，而如果向矽中摻一些雜質（例如某一種金屬離子），就能夠改變其導電性能，還可能根據摻進的雜質濃度來調節導電性能的高低。這樣就可以方便地在一整塊矽材料中做出絕緣的部分和導電的部分，這就是半導體晶片的含義。

CPU 的完整生產流程

▍置身晶片生產廠房中，周圍都是最現代化的製造裝置，有一種穿越到未來的奇妙感

CPU 的完整生產流程有幾百道工序，使用的專業生產裝置都是最尖端的製造工具。CPU 的生產流程如圖 5.3 所示。

第一部分

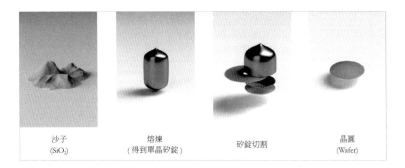

第二部分

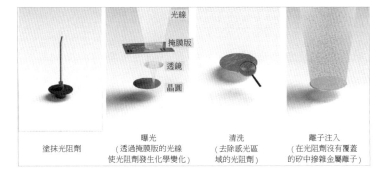

第三部分

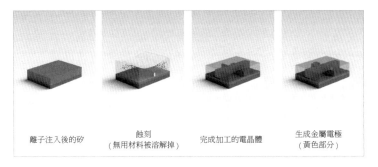

▲ 圖 5.3 CPU 的生產流程

第四部分

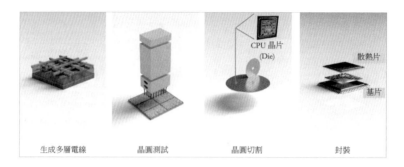

生成多層電線   晶圓測試   晶圓切割   封裝

▲ 圖 5.3 CPU 的生產流程（續）

簡單來講，CPU 的生產有以下主要步驟。

熔煉：將二氧化矽去氧和多步淨化後，得到可用於半導體製造的高純度矽，學名叫電子級矽（Electronic Grade Silicon，EGS），平均每一百萬個矽原子中最多只有一個雜質原子。透過矽淨化熔煉得到的圓柱形大晶體稱為矽錠（Ingot），品質約 100kg，矽純度為 99.9999%。

矽錠切割：橫向切割成圓形的單一晶圓，每一片稱為晶圓（Wafer）。

光蝕刻：首先在晶圓上塗抹一層光阻劑（Photo Resist），再在光阻劑上遮蓋一層玻璃，玻璃上有這一層的電路積體電路佈局，有電路的部分是透光的，沒有電路的部分不透光，這層玻璃稱為掩膜版（Mask）。用紫外光線照射掩膜版，掩膜版上透光的部分有光線透過，光線照射到光阻劑上會使這一部分光阻劑發生性質變化。用一種特殊的溶液對晶圓進行清洗，電路部分對應的光阻劑就會被溶解掉。

離子注入：對著晶圓派發高速的金屬離子束，金屬離子打在沒有光阻劑覆蓋的晶圓部分，金屬離子就會注入晶圓中。掺入足夠濃度的金屬離子就會使這一部分矽具有導電能力。這一步驟完成後，可以去除多餘的光阻劑。

蝕刻：有時候需要在晶圓上去除一些部分，例如在矽的表面挖出凹槽來鋪設金屬導線。同樣是採用光蝕刻的方法，先使晶圓上不需要去除的位置被光阻劑覆蓋，再用一種酸液來清洗晶圓，這樣露出的矽層表面就會被酸液溶解掉一部分，形成向裡面的凹槽。凹槽裡面可以很方便地鋪設金屬。

生成多層電線：複雜的晶片往往是由多層矽組成的，在每一層矽加工完成後，需要將絕緣材料鋪設在已經完成加工的矽層表面，然後再加工下一層矽。

晶圓切割：用鋒利的切割工具把晶圓分成 CPU 晶片，每一個小片包含一個 CPU 的完整電路，每一個 CPU 晶片就是一個處理器的核心（Die）。

封裝：CPU 晶片被放到一個絕緣的底座上，這個底座稱為襯底（也稱為基片）。底座下面是用於連接到主機板的焊點。晶片上面還要覆蓋一個金屬殼，稱為散熱片。襯底和散熱片共同保護晶片不受外力損壞，合起來形成最終的晶片產品。

測試：晶片生產出來要進行各種檢驗，有瑕疵的晶片會被淘汰掉，合格的晶片裝箱發貨給電腦製造商。

生產晶片的 3 種基本手法

▎生產晶片的 3 種基本手法：生長、挖掉、摻雜

整體來說，生產晶片的過程中有生長、挖掉、摻雜 3 種基本手法。

- 生長是在原來的晶圓上堆積更多材料，是一個由少變多的過程。例如每兩層之間的絕緣材料、金屬線都是這樣鋪設出來的。

- 挖掉是在原來的晶圓上去除一些材料，是一個由多變少的過程。例如在晶圓上挖出凹槽，就是用蝕刻的手法。

- 摻雜是在原來的晶圓上滲透一些材料，是一個改變性質的過程。例如離子注入就是在矽表面滲入金屬離子來改變其導電能力。

每一種手法都是借助光蝕刻和掩膜版來遮蓋晶圓上不需要加工的部分。所以要反覆多次地塗抹光阻劑、遮蓋掩膜版、曝光、溶解光阻劑，對露出的晶圓進行上面的 3 種加工，加工完後再洗掉光阻劑。

CPU 電路層數越多的晶片生產時間越長。例如一個高性能 CPU 採用 40 層的電路，如果按生產每一層平均需要 1.6 天的時間來計算，僅生產晶圓就需要 64 天，再加上前面的準備工作、後面的封裝測試，這樣一個晶片完成生產通常需要 3 個月以上的時間。

第**3**節
類比元件

1947 年，貝爾實驗室製造出世界第一個 Point-contact 電晶體產品。

各式各樣的電子元件

基本電路元件：電阻、電容、電感

▌ "三小弟"──電阻、電容、電感

基本電路元件是組成電路的最常用元件。半導體晶片從最簡單的 3 個電路元件開始製造：電阻、電容、電感，如圖 5.4 所示。這 3 個元件號稱電路中的"三小弟"。

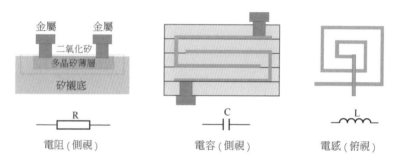

▲ 圖 5.4 基本電路元件：電阻、電容、電感

電阻（Resistance）是對電流進行限制的元件。電阻也是對導體的導電能力的描述指標，不同的材料的電流透過能力也不相同，電阻越小則透過電流的能力越強。例如空氣的電阻遠遠大於金屬，絕緣體的電阻可以視為無限大。

國中物理教材中介紹過歐姆定律："電流 = 電壓 ÷ 電阻"。可見，透過一個電阻的電流值，與電阻兩端的電壓成正比。

晶片中最常用的製造電阻的材料是多晶矽（Polycrystalline Silicon）。多晶矽是單質矽的一種形態，是熔融的單質矽在特殊條件下凝固時形成的晶格形態，具有一定導電能力。多晶矽在晶片中被做成薄層，透過控制薄層的厚度來生成不同的電阻值。也有的製程在多晶矽中再摻雜其他雜質來增大單位厚度上的電阻值。

電容（Capacitor）是用於儲存電荷的元件。兩個相互靠近的導體，中間夾上一層不導電的絕緣媒體，這就組成了電容。當電容的兩個極板之間加上電壓時，電容就會儲存電荷。電容還有 "通交流、阻直流" 的作用，可以用於在電路中過濾雜訊。

晶片中製造電容的材料是金屬，在相鄰的兩個矽層中設計上下相對的兩片金屬層，透過調整金屬層的面積、間距可調整電容值。電容還可以使用多層金屬組成 "疊層" 的結構來節省晶片面積。

電感（Inductor）是能夠把電能轉化為磁能儲存起來的元件。一組繞排的線圈就組成了電感。電感有 "通直流、阻交流" 的作用，可以用在電路中限制一定頻率的訊號通過。

晶片中製造電感的材料也是金屬，在一個矽層中將金屬設計成螺旋形的走線，透過調整金屬線的長度、圈數來調整電感值。

電容和電感屬於非線性元件，其兩端的電流和電壓的關係比電阻要複雜得多，需要使用指數方程式來描述，這在高中物理中做了簡單介紹。

對電阻、電容、電感這 3 種元件的完整理論分析要使用到微分方程，這是大學電子專業第一門基礎課 "電路分析" 的核心內容。含有這 3 種元件的電路稱為 RCL 電路，組合起來可以實現的電子裝置有正弦波發生器、諧波振盪器、帶通或帶阻濾波器等，在電子裝置中大量使用。

類比電路的 "單向開關"：二極體

▌二極體的單向導電特性：只許進不許出

二極體（Diode）是具有單向導電性能的元件。二極體的兩個接腳分別稱為陽極和陰極，當陽極電壓比陰極電壓高時二極體可以透過電流，當陰極電壓比陽極電壓高時二極體截止。

213

晶片中使用 PN 結來實現二極體。PN 結由一段 P 型半導體和一段 N 型半導體組成。P 型半導體、N 型半導體都是在純矽中摻雜不同的雜質形成的。

純矽是四價元素，每一個矽原子與相鄰的矽原子形成了共價鍵（即兩個相鄰原子共用週邊電子），整體上呈現電中性。P 型半導體是在純矽中摻入三價元素雜質（例如鋁、鎵、硼、銦等），三價原子佔據了矽原子的位置，與周圍的四價矽原子組成共價鍵時，會缺少一個電子。N 型半導體是在純矽中摻入五價元素雜質（例如磷、砷、銻等），五價原子佔據了矽原子的位置，與周圍的四價矽原子組成共價鍵時，會多出一個電子。P 型半導體和 N 型半導體如圖 5.5 所示。

純矽　　　　　　　P 型半導體　　　　　　N 型半導體

▲ 圖 5.5 P 型半導體和 N 型半導體

N 型半導體中多出來的電子稱為自由電子，可以在矽中運動而形成電流，從而具有導電性。P 型半導體由於缺少電子而形成空穴，也對 N 型半導體中的自由電子形成吸引作用，同樣具有導電性。

如果對 PN 結施加正向電壓，電子從 N 區向 P 區的運動形成電流，此時二極體導通。如果對 PN 結施加反向電壓，電子在電場作用下被吸引到 N 區邊緣，而 P 區沒有可以運動的自由電子，無法形成電流，此時二極體截止。二極體的導通和截止如圖 5.6 所示。

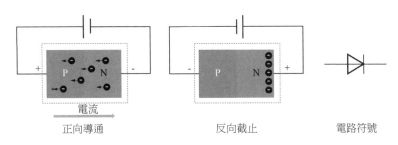

▲ 圖 5.6 二極體的導通和截止

二極體在電路中實現 "單向開關" 的作用。二極體的導通和截止,相當於開關的接通與斷開。

類比電路的 "水龍頭": 場效應管

場效應管的兩大特性:開關、放大

場效應管（Field Effect Transistor,FET）也是一種電晶體,是一個三端元件,其中兩個接腳用來傳輸電流,第三個接腳應用電場效應來控制另外兩個接腳是否連通。FET 的導通和截止如圖 5.7 所示。

FET 中用來傳輸電流的兩個接腳分別稱為源極（Source）、漏極（Drain）,第三個接腳稱為柵極（Gate）。

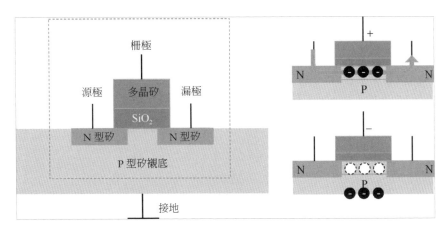

▲ 圖 5.7 FET 的導通和截止

FET 的一種實現製程是 "金屬 - 氧化物 - 半導體"（Metal-Oxide- Semiconductor，MOS）結構的電晶體，簡稱 MOS 電晶體。源極和漏極分別連接一塊 N 型半導體，兩塊 N 型半導體嵌入一塊 P 型半導體中。柵極的電壓施加在兩塊 N 型半導體之間的閘極通道上，但柵極和 N 型半導體之間是絕緣的（透過一個很薄的二氧化矽絕緣層進行分隔）。柵極本身使用導體材料製作，可以採用金屬，也可以採用多晶矽。

柵極的電壓分為 3 種情形。

- 當柵極沒有電壓時，雖然 N 型半導體含有自由電子，但是兩塊 N 型半導體之間夾著一塊 P 型半導體，相當於兩個 "連續" 的 PN 結，這樣一定是會阻擋電流透過的，所以源極、漏極之間無法形成電流。

- 當柵極施加正電壓時，在電場作用下，P 型半導體中的少量自由電子被吸引到閘極通道中，提高了電子濃度，有著降低電阻的作用。柵極電壓足夠大時，能夠使源極、漏極之間形成一個 N 型的薄層通路，從而具備導電能力。

- 當柵極施加負電壓時，電場造成和上面相反的作用，P 型半導體中的自由電子被排斥到另一邊，在原來自由電子的位置形成了空穴，增強了 P 型半導體的絕緣能力。源極、漏極之間的電流為零。

FET 透過柵極造成開關作用，類似於水龍頭中的旋鈕。

FET 和三極體有類似的功能，都有 3 個接腳，都能以一個接腳的控制造成開關和放大的作用，主要區別在於 FET 是以電壓進行控制的，三極體是以電流進行控制的。FET 具有回應更快、功耗更低的優點，因此在半導體晶片中 FET 的使用頻率遠遠超過三極體。

類比電路元件集大成者

▌ 不管多複雜的類比電路系統，基本元件不超過 10 個

類比電路（Analog Circuit）是指對類比訊號進行傳輸、變換、處理、放大等工作的電路。類比訊號是連續變化的電信號，所以通常又把類比訊號稱為連續訊號。自然界中的許多訊號都適合用類比電路來處理，例如時間、溫度、濕度、壓力、長度、電流、電壓，甚至是語音、雷達訊號等。

在大學的電子專業中，類比電路是緊接著電路分析的一門基礎課程。

二極體、三極體、FET（場效應管）是類比電路的三大核心元件。晶片中使用二極體、三極體、場效應管，再加上前面介紹的 RLC（電阻、電容、電感），經過多層金屬導線連接，可以處理任何用微分方程和連續函數描述的類比訊號。

典型的類比電路系統有訊號放大電路、訊號運算電路、回饋電路、振盪電路、調變和解調電路及電源等。

第**4**節
數位元件

類比訊號是關於時間的函數,是一個連續變化的量,數位訊號則是離散的量。

——*Digital Integrated Circuits: A Design Perspective*,Jan M.Rabaey 等,2017

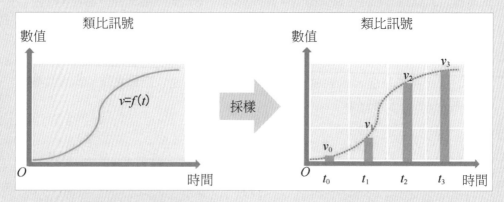

類比訊號經過採樣轉為數位訊號

數位電路的基本單元：CMOS 反相器

▎CMOS 反相器是所有積體電路的基礎單元

數位訊號（Digital Signal）在設定值上是離散的、不連續的訊號。數位訊號是在類比訊號的基礎上經過採樣、量化和編碼而形成的。數位訊號在生活中的例子有數字式鐘錶、MP3 音訊、郵遞區號等。

現代電腦大多數屬於數位電腦，使用有限狀態的電路元件處理數位訊號，相比類比電腦來說在工程上更容易實現。

最簡單的數位電路只使用 0、1 兩種訊號，例如數位電腦就是採用二進位數字作為內部的資料表示和計算單位的。

數位訊號是對類比訊號的近似抽象，數位電路的元件也是建立在類比元件的基礎上的。MOS 電晶體是類比電路的基本元件，同時也是數位電路的基礎元件。MOS 電晶體在柵極電壓的控制下有開（導通）、關（截止）兩種狀態，利用接腳上電壓的高、低變化，很自然地適用於在電腦中表示二進位的 "0" 和 "1"。

目前實際晶片製造製程大部分基於互補金屬氧化物半導體（Complementary Metal Oxide Semiconductor，CMOS）技術。CMOS 比 MOS 多了一個 "C"，代表 "互補"，是指採用一對閘極通道相反的 MOS 電晶體相並聯，能夠實現 "反相器" 這樣一個數位電路的基本單元。

反相器（Phase Inverter）是一個雙端元件，如圖 5.8 所示。N 閘極通道電晶體（簡稱 N 管）和 P 閘極通道電晶體（簡稱 P 管）連接起來，共用柵極，作為輸入端；P 管的漏極和 N 管的漏極連接起來，作為輸出端。

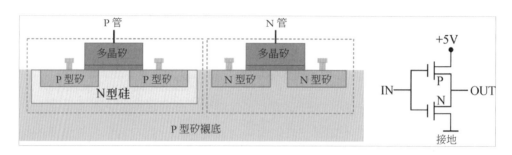

▲ 圖 5.8 CMOS 反相器

反相器實現電壓的"反轉"。柵極電壓為高電壓（代表二進位的"1"）時，N
管導通、P 管截止，輸出端為低電壓（代表二進位的"0"）。柵極電壓為低電
壓（代表二進位的"0"）時，N 管截止、P 管導通，輸出端為高電壓（代表二
進位的"1"）。

CMOS 反相器實現了數位電路的反閘功能，是最簡單的邏輯閘。CMOS 反相器
是幾乎所有數位積體電路設計的核心，CPU 就是用大量邏輯閘組成的複雜數位
電路。

數位電路元件集大成者

CMOS 反相器可以組合成所有數位電路的門單元

數位電路包括一系列的基礎元件，稱為邏輯閘，實現各種二進位運算。

常用的數位邏輯閘有反閘、及閘、或閘、反及閘等，分別可以採用 P 管、N 管
的不同組合來實現。後 3 種邏輯閘都有兩個輸入 A、B 和一個輸出 C。及閘的計
算邏輯是"只有 A、B 均為 1 時輸出才為 1"，或閘的計算邏輯是"A、B 有任
何一個為 1 時輸出就為 1"，反及閘的計算邏輯是"只有 A、B 均為 1 時輸出才
為 0"。

布林代數提供了理論基礎，證明任何二進位運算功能都可以使用上面這些邏輯閘架設出來。CPU 從根本上來說就是由這些邏輯閘組成的。CPU 中的模組分別使用不同的數位電路來實現，再使用 CMOS 製程生產出晶片。

數位電路有兩種：組合電路的輸出僅由輸入決定，本身不帶有記憶功能；時序電路本身帶有記憶功能，輸出不僅由輸入決定，還和本身儲存的狀態有關係。CPU 中既有組合電路又有時序電路，組合電路有運算器、解碼器等，時序電路有暫存器、派發佇列、Cache、TLB 等。

在大學電子專業中，一般是在類比電路課程之後說明數位電路課程。

電路的基本單元：少而精

所有複雜系統都是由簡單的基礎單元、簡單的組合機制演化而成的

數位電路、類比電路的基本元件都不超過 10 種。類比電路的基礎元件只有電阻、電容、電感、二極體、三極體、FET 這 6 種，數位電路的基礎元件也只有反閘、及閘、或閘、反及閘等。

但是，透過這些元件的不同組合方式，可以形成無限多的電路功能，支撐了電氣社會和資訊化社會的運轉。

電路世界是一個典型的 "元素少、組合機制簡單、實例豐富" 的系統。在自然界中也存在大量類似的系統。到目前為止，科學家在浩瀚宇宙中發現的化學元素只有 118 種，牛頓經典力學以三條基本定律解釋了星球的運行規律，歐氏幾何以 "五大公設" 為基礎推演出數形關係的龐大定理系統。

從遠古時代就有一種哲學猜想認為複雜的世界是由非常少量的幾種 "積木" 架設出來的，科學發現逐步提高了這個猜想的可信度。作為學習 CPU 原理的讀者，你手中的積木就是 CMOS 電晶體。

第**5**節
交付工廠

20 世紀 80 年代，美國光蝕刻機巨頭 Perkin-Elmer 和 GCA 在晶片光蝕刻市場上遭到了日本競爭對手佳能和尼康的猛烈攻擊。結果，美國失去了對這項關鍵技術長達 20 年的壟斷地位，而這正是莫爾定律背後的驅動力。

與此同時，一家默默無聞、無足輕重的光蝕刻機小公司在荷蘭剛剛起步。這家公司就是 ASML，它在今天獲得了無與倫比的成功。作為世界上很大和很賺錢的光蝕刻機製造商，ASML 獲得了 70% ~ 80% 的光蝕刻市佔率，並多年來在光蝕刻技術上一騎絕塵，將佳能和尼康遠遠甩在後面。

—— 《光蝕刻巨人：ASML 崛起之路》

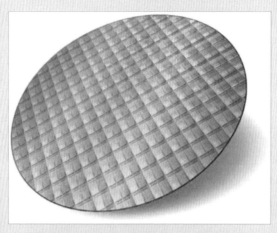

半導體晶圓，每一個矩形包含一個晶片的電路

積體電路佈局是什麼樣的？

積體電路佈局包含晶片中所有電晶體的佈局和佈線資訊

積體電路佈局包含晶片中所有 CMOS 電晶體的佈局和佈線資訊，如圖 5.9 所示。
積體電路佈局是物理設計的成果，是設計廠商交付給流片廠商的輸出材料。

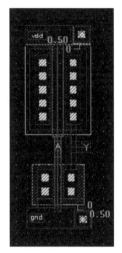

EDA 軟體中設計的
反相器（頂視圖）

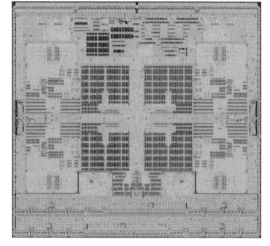

▲ 圖 5.9 積體電路佈局：從反相器到 CPU

積體電路佈局是使用專業的 EDA 設計製作的。積體電路佈局設計人員在 EDA
的圖形介面中採用 "所見即所得" 的方式，排列電晶體和佈線。

在 EDA 中，不同的材料使用不同的顏色來表示，例如反相器中有 N 型半導體、
P 型半導體、柵極（多晶矽）、接觸孔、金屬層等，每一種材料使用不同的色塊。
這些色塊是上下層疊的關係，從頂視圖看上去就是多種顏色的矩形區域疊放在
一起。"看到平面圖，想到三維結構" 是積體電路佈局設計人員需要具備的基
本素質。

設計好的元件可以加入單元庫中。單元庫儲存設計好的電路元件的集合，像上面的反相器就可以加入單元庫中。積體電路佈局設計者可以直接從單元庫中選擇已有的元件，不需要每次都重複設計。單元庫的來源有 EDA 本身附帶、流片廠商提供，以及協力廠商商業單元庫廠商銷售。

EDA 還提供自動檢查功能，根據預先指定的設計規則檢查積體電路佈局是否符合預期功能。檢查內容包括邏輯閘的位置關係、佈線的時序、多層之間的連通性等很多方面。自動檢查功能是積體電路佈局設計者的小幫手，可以在很大程度上消除人為引入的錯誤、提高積體電路佈局設計成功率。

優秀的積體電路佈局不僅是科技成果，同時也是藝術成果。面對一個走線精緻的積體電路佈局，我們可以深深感受到科技的美感。積體電路佈局還可以承載歷史意義。

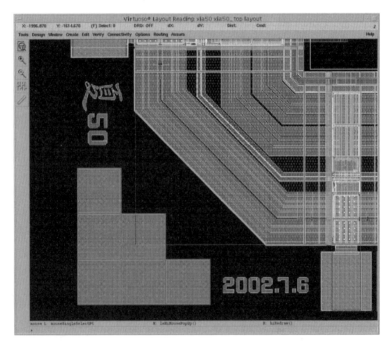

▲ 圖 5.10 積體電路佈局上的 "夏 50" 標記

CPU 的製造裝置從哪裡來？

▋ 高端光蝕刻機是 CPU 上游供應鏈的重要一環

製作半導體晶片需要的裝置有十餘種，常用的有矽單晶爐、氣相外延爐、氧化爐、磁控濺射台、化學機械拋光機、光蝕刻機、離子注入機、引線鍵合機、晶圓劃片機、晶圓減薄機等。

光蝕刻機是半導體晶片製造裝置中最複雜、技術難度最高的裝置，有"工業皇冠上的明珠"之稱。世界上最先進的光蝕刻機只有荷蘭、美國等少數國家擁有核心技術。舉例來說，荷蘭 ASML 公司是全球最大的半導體裝置製造商之一，生產的 TWINSCAN 系列高端光蝕刻機佔據全球市佔率的 80%，目前全球絕大多數半導體生產廠商都向 ASML 採購光蝕刻機，例如 Intel、台積電（TSMC）、三星（Samsung）等。最先進的光蝕刻機每台售價超過 10 億美金，每年也就出售幾百台。

排在 ASML 之後的光蝕刻機廠商有日本的尼康、佳能，但是這兩個廠商的裝置只能勉強達到 ASML 低端產品的水準。尼康以低價策略艱難地先佔市佔率（同類機型價格不到 ASML 的一半），佳能則幾乎已經退出高端光蝕刻機的角逐。

晶圓裝置、封裝測試裝置的技術要求相對要低一些，目前也有很多廠商在生產。讀者甚至可以在電子商務交易平台上找到晶片製造裝置的購買通路，低端光蝕刻機的單價也就是 2000 萬元左右，矽單晶爐的單價不超過 500 萬元。

CPU 代工和封測廠商有哪些？

▋ 晶圓製造的難度最高，晶片設計的難度稍低，封裝測試的難度最低

晶片產業鏈可以簡單地分為 3 個環節：設計、製造、封裝測試。從難度上來講，製造的難度最高，封裝測試的難度最低，設計的難度處於兩者之間。

晶片製造廠商也稱為 "代工廠"，意思就是專門給設計公司提供晶片製造服務。
世界上最著名的代工廠是台積電，其佔據超過 50% 的全球市佔率。其次是韓
國的三星，市佔率約為 20%。第三名是美國的格羅方德（Global Foundries，
GF），格羅方德於 2009 年從 AMD 剝離出來，專門從事晶片代工業務，市佔
率約為 10%。其他的代工廠市佔率均小於 10%，知名企業有聯電、高塔半導體
（以色列）等。

歐洲的代工廠相對較少。意法半導體（ST Microelectronics）是歐洲最大的半
導體公司，於 1987 年成立，由義大利的 SGS 微電子公司和法國的 Thomson 半
導體公司合併而成。意法半導體的業務覆蓋了晶片設計、晶圓製造、晶片代工、
封裝測試。

在封裝測試領域的知名企業有日月光、艾克（Amkor，美國）、矽品、力成等。

晶片代工廠商和封裝測試廠商都是 CPU 設計廠商的上游供應商，不直接面對消
費者，在知名度上比不上 Intel、AMD、高通這樣的 CPU 公司。用現在的話講
叫作只做 "To B"（Business）業務，不做 "To C"（Customer）業務，在產
業鏈的上游 "悶聲發大財"。

CPU 的成本怎麼算？

▌ 商業 **CPU** 的成本是由多方面因素決定的

CPU 成本包含很多方面。建立 CPU 研發團隊時需要購買設計工具、模擬平台，
研製過程中需要投入人力費用。製造晶片、封裝測試都需要給對應的代工廠交
服務費。

單純分析 CPU 的製造成本，由 3 個部分組成：晶片成本、測試成本、封裝成本。

- 晶片成本與晶片的面積成正比。CPU 的晶片面積越小，則一個晶圓上能生產
  越多的晶片。

- 測試成本與 CPU 佔用測試平台的時間成正比。CPU 廠商需要制定更少數量的測試集（術語稱為"測試向量"）來減少測試時間，但同時還要保證測試集對 CPU 的功能有更高的覆蓋度，避免漏檢。

- 封裝成本與 CPU 接腳個數、封裝的材料都有關係。CPU 功耗越高則封裝成本也會越高。有的高端晶片的封裝成本甚至超過晶片成本。

CPU 成本與成品率成反比。成品率是指 CPU 製造完成、去除殘次品後剩下的良好晶片的比例。任何製造過程都有一定機率產生缺陷，例如矽晶片中混入過多雜質、製造裝置由於長年使用而發生偏差、外力作用導致接腳扭曲等。

CPU 的最終銷售價格也是綜合多方面因素的結果。增加 CPU 銷售數量可以明顯降低成本。銷售數量越大，則對於成本中的一次性費用（例如設計費用、人力費用）可以均攤得更薄。所以很多 CPU 都是剛上市時價格較高，隨著銷售量的增加而逐步降低價格。

晶片銷售價格中不可忽視的還有商業因素。一個值得注意的現象是"使用低端 CPU 保護高端 CPU 的市場"。舉例來說，Intel 在伺服器方面主推 Xeon 系列，在桌上型電腦方面主推 Core 系列，但是 Intel 還有更低端的 Celeron、Pentium 系列。Celeron、Pentium 系列 CPU 的售價在 1000 到 2000 元，可以說是"白菜價"，利潤非常薄，甚至是不賺錢的。按常理來說，像 Intel 這樣的世界級創新企業是不屑於做低利潤產品的，他們的真正目的是用低端 CPU 控制市場門檻。任何一個後起的 CPU 廠商如果想要和 Intel 搶市場，想在高端技術上超過 Intel 比登天還難，想靠"殺低價"又很難比 Celeron、Pentium 系列 CPU 賣得更便宜。Intel 可以說是"兩肋"都有保護，可以高枕無憂地維持壟斷地位，這樣就能任意抬高高端 CPU 的定價，把 Xeon、Core 系列 CPU 賣得更貴來取得高利潤的回報。

第6節
怎樣省錢做晶片？

根 據 MRFR（Market Research Future Report）2017 年 資 料 統 計，全 球
FPGA 市 場 以 Altera（2015 年 被 Intel 收 購 ）和 Xilinx 兩家為主，這兩大巨
頭壟斷全球市佔率約 71%；除了兩大巨頭外，還有兩個小巨頭——Lattice 和
Microsemi（2018 年 被 Microchip 收 購），這兩家約佔到全球市佔率的 16%。

——《FPGA 市場和格局》，2018

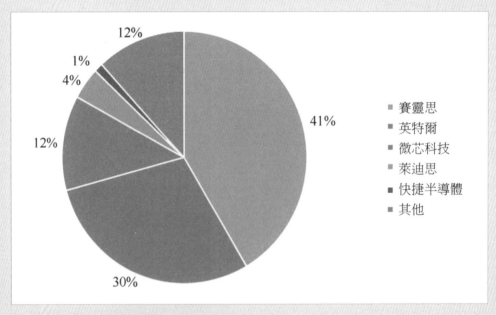

FPGA 成為重要的增量市場

不用流片也可以做 CPU：FPGA

FPGA 是流片之前的最後一道驗證工具

CPU 流片需要很大的資金投入，只有商業公司才有足夠財力做流片。像 28nm 一次流片需要上千萬元。讀者在學習 CPU 技術的過程中，親自動手製作 CPU 的實踐過程是非常有必要的，但是如果想讓 CPU 運行起來，最好有一種不用流片的省錢方法。

現場可編程邏輯門陣列（Field Programmable Gate Array，FPGA）是能夠運行 CPU 的一種替代方案。

FPGA 是一種可以訂製功能的電路。"可以訂製功能"是指晶片設計者可以把 CPU 的設計程式透過 FPGA 的介面"燒錄"到電路中，被燒錄後的 FPGA 電路的功能就和 CPU 設計程式完全相同。FPGA 開發板如圖 5.11 所示。

▲ 圖 5.11 FPGA 開發板，可以燒錄 Verilog 原始程式碼進行驗證

FPGA 最大的優點是只需要一次購買，就可以反覆燒錄設計程式。設計者用 Verilog 語言描述 CPU 的功能，FPGA 的配套工具可以把 Verilog 設計程式轉換成網路表檔案，網路表檔案由設計者的電腦傳送到 FPGA 中，CPU 生產製造篇 從電路設計到矽晶片的實現 FPGA 就可以運行 CPU 的完整功能。

FPGA 是 CPU 設計階段不可缺少的實驗平台，CPU 在流片之前可以用 FPGA 來驗證功能。所以專業的 CPU 公司都會大量採購 FPGA。"在 FPGA 上把 CPU 跑通"是 CPU 前端設計達到一個里程碑的重要標識。

市面上很多説明 CPU 原理的書籍也是以 FPGA 作為運行效果的展示平台。

使用 FPGA 的唯一缺點是速度比真正的晶片慢。FPGA 雖然可以程式設計，但是其結構決定了實際運行起來的速度遠遠低於真正流片的晶片。實際晶片可以達到主頻 2.0GHz 的 CPU，在 FPGA 上運行設計程式最高只能運行到主頻 50MHz。同樣的測試集在 FPGA 上運行的時間要比真實晶片上長 40 倍。所以在 FPGA 上只能運行較小規模的測試集。

使用純軟體的方法做 CPU：模擬器

▌ 撰寫模擬器是掌握 CPU 原理的省錢方法

模擬器（Simulator）是一種軟體，用來模擬一種硬體裝置的功能。模擬器使用軟體來撰寫 CPU 的硬體單元和運行功能，同樣可以實現 CPU 的完整行為。

模擬器的優點是用高層次的軟體程式語言來實現 CPU 功能，描述能力比 Verilog 更強，能夠在更短的時間內實現。所以模擬器是比 FPGA 開發效率更高的方式。常用的程式語言有 Java、C/C++、Python 等，同樣篇幅的程式語言比使用 Verilog 能夠描述更豐富的功能。在設計出現問題時，模擬器也比 FPGA 更容易偵錯和排除錯誤。

模擬器可以對不同範圍的功能進行模擬。有的模擬器專注於 CPU 本身的模擬，還有的模擬器除了模擬 CPU 之外還模擬主機板和外接裝置，相當於對一台完整電腦進行模擬，這樣的模擬器也稱為"虛擬機器"（Virtual Machine）。開放原始碼社區上有很多模擬器專案。

FPGA 可以稱為"軟硬結合"的混合方式，其硬體部分還是需要採購的，高端 FPGA 價格不菲。而模擬器則是"用純軟體平台設計硬體"，幾乎是沒有成本的。讀者在學習 CPU 原理的過程中也可以選擇使用模擬器進行實驗。

第7節
明天的晶片

2023 年 AMD 將利用其優勢——Zen 4 架構和 5nm 製造製程，超越 Intel。

——蘇姿豐，AMD 總裁

2020 年蘋果公司推出 A14 處理器，採用 5nm 製造製程

先進的製造製程：SOI 和 FinFET

│ SOI 和 FinFET 使很多人預測的 "CMOS 製程的極限是 │ 10nm" 落空

CMOS 是用於製造 CPU 的歷史最悠久、最成熟的製程。1963 年，矽谷的快捷半導體公司發表了第一篇關於 CMOS 製程製程技術的論文，公佈了使用 N 閘極通道和 P 閘極通道電晶體的第一個互補對稱的邏輯門。

CMOS 製程在閘極通道寬度低於 22nm 時發生嚴重的元件性能衰退。由於閘極通道尺寸減小，柵極下面用於絕緣的氧化層變得極小、極薄，從源極到漏極之間會發生多餘的漏電。這樣的漏電會增大靜態功耗，甚至使電晶體無法正確地導通和截止，用來製造數位電路時會導致進入異常的 "0" "1" 狀態，因此生產出來的 CPU 的成品率和可靠性會大幅度降低。

半導體生產廠商不遺餘力地解決 CMOS 的不足，改進的方法主要有兩種：SOI和 FinFET，如圖 5.12 所示。

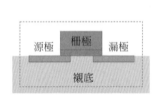
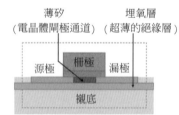
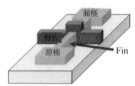

Bulk CMOS（體矽）　　SOI（絕緣體上矽）　　FinFET（鰭式場效應電晶體）

▲ 圖 5.12 CMOS、SOI、FinFET 的演變

絕緣體上矽（Silicon On Insulator，SOI）增加了兩個主要組成部分，在襯底上面製作一個超薄的絕緣層（又稱埋氧層），同時用一個非常薄的矽膜製作電晶體閘極通道。透過這兩種改進，埋氧層可以有效地抑制電子從源極流向漏極，從而大幅減少導致性能下降的漏電流。

為了和 SOI 相區別，傳統的 CMOS 工藝稱為體矽（Bulk CMOS）。SOI 最早於 2000 年發佈，2010 年後達到商用成熟，目前主要的半導體代工廠都由 Bulk CMOS 製程轉向 SOI 製程。

鰭式場效應電晶體（Fin Field Effect Transistor，FinFET）是把柵極改造成 3D 結構，從上、左、右 3 面包圍閘極通道，類似魚鰭的叉狀 3D 架構。這種結構可在電路的兩側控制電路的接通與斷開，大幅改善電路性能並減少漏電流，也可以大幅縮短電晶體的閘極通道寬度。

"後 FinFET 時代" 何去何從？

▍積體電路製程需要數學、物理、材料多學科支撐

SOI 和 FinFET 都是從製程的角度延續莫爾定律的典型手段，可以把閘極通道寬度降低到 10nm 以下。兩者的發明人都是胡正明，他曾任台積電 CTO、美國加州大學柏克萊分校教授。

進入 2020 年，積體電路製程發展到 5nm 節點，主流的 SOI 和 FinFET 似乎也將要到達其物理極限。三星公司推出全環繞柵極（Gate-All-Around，GAA）電晶體結構，宣稱能夠取代 FinFET，Intel 表示在其 5nm 製程中放棄 FinFET 而轉向 GAA。"後 FinFET 時代" 何去何從？掌握先進製造製程就是先佔半導體技術的主導地位，我輩不能只是作壁上觀，更要發奮圖強。

Note

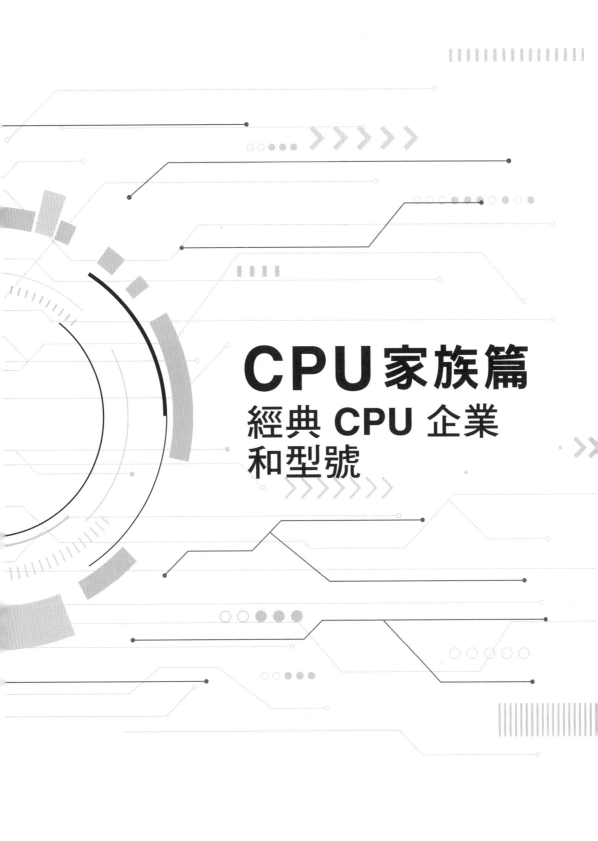

CPU家族篇
經典 CPU 企業 和型號

第 **1** 節
從上古到戰國

將來，電腦重量也許不超過 1.5 噸。

——《大眾機械》，**1949**

Intel 4004 宣傳畫中，把早期電腦的龐大機櫃畫成了一個個晶片，
符合 "A micro-programmable computer on a chip" 的廣告語

上古時代：有實無名的 CPU

▎早期只有電腦廠商，沒有獨立的 CPU 廠商和作業系統廠商

CPU 的 "上古時代" 是指 1971 年 Intel 4004 發佈之前，CPU 由電腦廠商自己設計使用，而非作為獨立的商品進行銷售。

這一階段的 CPU 沒有自己的專屬品牌。所有的 CPU 廠商同時也是電腦製造商。

Intel 公司改變了 CPU 的商業模式。Intel 公司是第一個獨立的 CPU 廠商，專注於生產 CPU，推出系列的產品型號，持續提升性能，電腦廠商不再需要自己重複做 CPU，只需要從 Intel 購買現成的 CPU 即可。在談到 CPU 時，人們的説法改為 "A 電腦的 CPU 採用 B 公司生產的型號為 XXX 的晶片"。從此以後，CPU 有了自己的身份和地位，獨立 CPU 廠商層出不窮。

1971 年可以視為 "有獨立紀年的 CPU 歷史" 的開端，CPU 的上古時代結束，世界進入商用處理器時代。

上古時代的 CPU 是什麼樣子？

▎早期大型主機的一個 CPU 可能要佔用一個機櫃，甚至一個機房

這裡列舉早期最有代表性的經典電腦（見圖 6.1），一睹 CPU 在歷史長河中的演變。

1951 年的 Ferranti Mark 1 是最早用於商業銷售的通用電子電腦，由英國曼徹斯特大學製造。這台電腦使用 4050 個真空管製造。其 CPU 主頻為 100kHz，包含一個 80 位元的累加器，一個 40 位元的乘法、指數運算器，8 個 20 位元的暫存器。CPU 的位元組長度為 20 位元，主記憶體容量只有 512B！CPU 支援大約 50 個指令。整個 CPU 佔用了兩個 5m×2.7m 的機櫃，功率為 25kW（即每小時耗電 25kW）。

（a）Ferranti Mark 1（CPU 及終端部分）

（b）DEC 公司的 PDP-1，小巧的 "互動式電腦"

（c）CDC 6600 超級電腦

（d）經典的小型主機 PDP-11

▲ 圖 6.1 經典電腦

1959 年 DEC 公司生產的 PDP-1，率先提出 "互動式電腦" 理念。以往大型電腦非常昂貴、笨重，普通人難以使用。PDP-1 把人機互動的硬體部分設計成一張桌子就可以擺下，包括顯示器、鍵盤、光筆、印表機等。人機互動的部分稱為 "終端"（Console），已經有現在桌上型電腦的雛形。電腦的剩餘部分仍然需要佔用 2m² 的機櫃面積。PDP-1 的 CPU 主頻為 5MHz，位元組長度為 18 位元，記憶體容量為 9KB。加法、減法、存取記憶體指令的執行時間是 10ms，乘法指令的執行需要 20ms。

1961 年美國製造的 SAGE 電腦是有史以來最大、最重、最昂貴的電腦。採用了 60000 個真空管，每一台電腦佔地面積為 2000m²，其中 CPU 的機櫃佔用 15m×45m 的面積！CPU 包含 4 個暫存器，位元組長度為 32 位元，每秒執行 75000 行指令。SAGE 電腦集中了美國大量有實力的電腦企業和研究機構的生產資源，製造價格達到 120 億美金，用於美國國土上的航空監測和雷達訊號處理，一直運行到 1983 年才退役。

1964 年美國的 "超級電腦之父" 西摩・克雷（Seymour Cray）設計了 CDC 6600，這是第一台商用的超級電腦。CDC 6600 的 CPU 是最早採用精簡指令集概念（RISC）的 CPU，儘管這個術語要在很多年後才正式提出。CDC 6600 記憶體容量約為 65kB，位元組長度為 60 位元。著名的 Pascal 語言就是在 CDC 6600 上開發的。CDC 6600 的創造者西摩・克雷也是一系列 "Cray" 超級電腦的設計者，例如 1976 年發佈的 Cray-1 是當時速度最快的電腦，這台電腦的 CPU 為 64 位元，主頻為 80MHz，支援向量指令（即每一個指令同期內同時計算多組運算元），支援 1MB 記憶體。Cray 公司現在還在生產超級電腦，經常登上世界最快電腦榜首。Cray 公司在 2012 年發佈的 Titan 超級電腦一度成為當時最快的系統。

1970 年 DEC 公司生產的 PDP-11 是商業上極為成功的電腦，直到 1990 年還在市場上銷售，全球累計銷量超過 60 萬台，現在很多計算中心都還在使用 PDP-11。PDP-11 屬於 16 位元工作站，每台售價只有 20000 美金，機櫃佔地面積不到 2m²。PDP-11 的 CPU 位元組長度為 16 位元，有 6 個通用暫存器，指令執行時間為 0.8ms，主記憶體容量最大 56KB。PDP-11 的成功還在於它是第一個運行 UNIX 作業系統的電腦。在進入 PC 時代之前，PDP-11 是銷量最大的電腦。1977 年 DEC 公司推出 32 位元的後續擴充機型 VAX-11，但是已經無法跟上 PC 時代浪潮，DEC 公司生產的電腦的霸主地位被 IBMPC、蘋果電腦與 Sun 公司的工作站電腦等取代。

戰國時代：百花齊放的商用 CPU 廠商

20 世紀 70 年代微處理器四強：Intel 8080、MOS 6502、Motorola MC6800、Zilog Z80

1970 年到 2000 年是很多家 CPU 廠商並存的年代。個人電腦、家庭娛樂裝置、工業控制領域都對 CPU 提出大量市場需求。這些領域使用的 CPU 大多是使用積體電路技術實現的微處理器，雖然沒有大型電腦上的 CPU 性能強悍，但是不乏設計精品。

Intel 和 AMD 是其中的佼佼者，如圖 6.2 所示。

▲ 圖 6.2 Intel 和 AMD 兩家企業均分桌上型電腦和伺服器 CPU 市場

Intel 公司無疑是微處理器廠商的領軍企業。這家 1968 年成立於美國矽谷的公司，是莫爾定律、Tick-Tock 模型的提出者。Intel 8080 是最早普及的 8 位元個人電腦 CPU。Intel 公司經歷了多年風雨仍然屹立不倒，不斷為桌上型電腦、伺服器 CPU 樹立標竿，仍然在續寫微處理器的發展史。

美國超威半導體公司（Advanced Micro Devices，AMD）於 1969 年組建，建立人是快捷半導體的 8 位員工。AMD 公司早期長年對 Intel 的 8080/8086/8088/80286/80386/80486 進行仿制，直到 1995 年開始獨立設計 K5 處理器，至今是 Intel 公司的強力競爭者。

"戰國時代" 還有很多 CPU 公司曾經擁有一時輝煌，但是無奈都已經先後終結，很多經典 CPU 只能在博物館裡供後人憑弔，如圖 6.3 和圖 6.4 所示。

Intel 8080   MOS 6502   Motorola MC6800   Zilog Z80

▲ 圖 6.3 20 世紀 70 年代，個人電腦中最流行的 4 款 8 位元微處理器

Cyrix 6x86   Alpha 21264   Sun UltraSPARC T2   MIPS R4000

▲ 圖 6.4 20 世紀 80 年代到 90 年代，CPU 的百花齊放年代

- MOS 公司於 1974 年推出的 8 位元處理器 6502 堪稱傳奇產品。蘋果公司最早的個人電腦 Apple I、Apple II、Apple III 都使用 6502 處理器（傳說第一台蘋果電腦使用的 6502 處理器是史蒂夫·賈伯斯親自開車買回來的）。另外歷史上銷量最高的個人電腦 Commodore 64 也是使用 6502 處理器。還有 20 世紀 80 年代的很多家庭遊戲主機，例如任天堂 FC 都採用 6502 處理器。1994 年筆者在使用 6502 處理器的學習機上學習了 BASIC 程式語言完成了電腦的啟蒙。

- Zilog 公司於 1976 年推出 8 位元處理器 Z80，在相容 Intel 8080 的基礎上擴充了 80 多行指令，主頻、性能都得到大幅度提升。Z80 可以把 CPU、記憶體、主要 I/O 電路做到一塊電路板上，是 20 世紀 80 年代應用非常廣泛的工業 "單板機"，也是個人電腦使用較多的 CPU。

- Motorola 公司曾經是微處理器市場的重要角色。Motorola 在 1974 年推出的 8 位元微處理器 MC6800 開啟了著名的 680x 系列，真正的輝煌由 1979 年推出的 MC68000 奠定。這是一款 16 位元處理器，在蘋果 Macintosh、Amiga、Atari、Commodore 等型號的早期個人電腦中廣泛使用。68000 架構的使用延續到 20 世紀 90 年代後期湧現的手持終端、掌上型電腦，Motorola 的 "龍珠" 系列處理器在很多早期的 "個人數位助理" PDA（例如 Palm）上使用，但後來大部分被 ARM 公司的處理器取代。

- Cyrix 公司於 1988 年成立，製造相容 Intel 80486 的低價格 CPU，但是性能很高。20 世紀 90 年代，Intel、AMD、Cyrix 在桌上型電腦 CPU 市場上三足鼎立，甚至有段時間 Cyrix 和 AMD 的銷量超過了 Intel。後期 Cyrix 公司在技術上逐漸落後，1999 年被台灣的威盛電子（VIA Technologies）收購。之後衍生出 VIA C3/C5/C7、Nano 系列處理器，主要針對低功耗、低成本的 CPU 市場。筆者在大學一年級時使用獎學金購買的第一台電腦使用的就是 Cyrix5x86 處理器。

- DEC 公司於 1957 年成立,在 20 世紀 90 年代開發的 Alpha 處理器是技術上的"奇葩",這是當時 RISC 陣營中性能最高的處理器。1995 年開發了 Alpha 21164 晶片,1998 年開發了 Alpha 21264 晶片,得益於 DEC 公司深厚的設計功力,這兩款晶片都以不太高的製程達到非常高的主頻。先進的同時多執行緒(SMT)技術也是在 Alpha 處理器上率先實現的。1998 年 DEC 公司被康柏公司(Compaq)收購,隨後終止了 CPU 研發業務,Alpha 處理器就此失去一脈傳承。

- Sun 公司和 TI 公司於 1987 年合作開發了 32 位元 RISC 微處理器——SPARC,主頻為 16MHz,用於高端圖形工作站。1995 年推出 64 位元 UltraSPARC,在高端伺服器市場中佔據很大百分比,一直到 2009 年 Sun 公司被 Oracle 收購後才逐漸退出市場。現在流行的 Java 語言最早就是在 SPARC 伺服器上開發的。

- MIPS 公司。MIPS 公司的 CPU 也在伺服器、工作站、嵌入式、甚至遊戲娛樂中廣泛使用。MIPS 系統結構一直是國外電腦專業教學的示範平台,既包含了先進的原理技術,又保持了開放性。

經過 Intel 公司橫掃的 CPU 市場逐漸收斂,目前還在活躍的主要是 ARM 和 Power,如圖 6.5 所示。

▲ 圖 6.5 ARM 和 Power 仍在各自領域頑強地領跑

- ARM 公司的 CPU 始於 20 世紀 90 年代,在嵌入式、微處理器、物聯網、行動計算方面異軍突起。ARM 公司建立起自成一體的獨立生態,是唯一能夠和 x86 平起平坐的"第二套生態"。

- IBM 公司的 Power 系列 CPU 主要用在大型主機、伺服器上，後來衍生出的 PowerPC 系列用於桌上型電腦、嵌入式應用，在自己的地盤上據守一方。

回首 CPU 之路，寫滿無盡滄桑。電腦從業者可以常讀興衰史，以古鑑今。讀者可以在"網頁裡的電腦博物館"這個網站上找到很多經典電腦的資料，有的電腦還提供了模擬運行環境，可以用來體驗幾十年前的電腦是什麼樣子的。

第**2**節
巨頭尋蹤

1980 年，Acron（ARM 公司的前身）製造的 BBC Micro 個人電腦獲得了巨大的成功，賣了 150 萬台。比爾·蓋茲上門向 Acron 兜售自己的 MS DOS 作業系統，遭到了無情的嘲諷：「連網路功能都沒有算什麼作業系統！」蓋茲最後把這個 DOS 賣給了 IBM。

—— 《ARM 傳奇》，2020

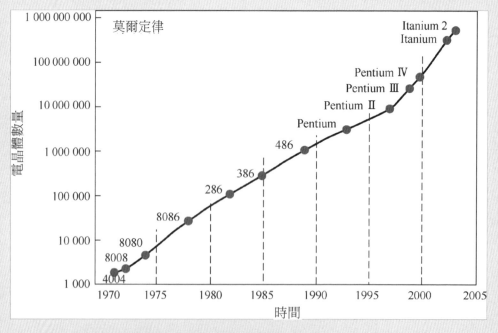

Intel 早期 CPU 的電晶體數量，完美詮釋莫爾定律

大一統時代：Intel 的發展史

▍Intel 是做生態強於做技術的範例

Intel 公司的 CPU 統稱 "x86" 系列，包括 8080/8086/80286/80386/80486、奔騰（Pentium）、賽揚（Celeron）、至強（Xeon）、酷睿（Core）、凌動（Atom）等產品系列（見圖 6.6）。Intel 所有產品型號加起來有幾千種，採用相容的指令集，都能夠運行 DOS、Windows、Linux 等作業系統。

▲ 圖 6.6 Intel 產品系列

1970 年至 1990 年是早期個人電腦發展的黃金時期，在 8 位元機時代就有 4 家公司的 CPU 大展風采（Intel 8080、MOS 6502、Zilog Z80、Motorola MC6800），Intel 並沒有一枝獨秀。例如蘋果電腦最早使用 8 位元的 MOS 6502，20 世紀 80 年代轉為使用 16 位元的 Motorola MC68000，20 世紀 90 年代使用 32 位元的 PowerPC，直到 2003 年才改為使用 Intel 處理器。

1990 年後絕大多數個人電腦使用 "x86+Windows" 的組合，其他非 x86 系列 CPU 淡出舞台；"Wintel 聯盟" 日見坐大，現在絕大多數的桌上型電腦使用 x86 系列。

Intel 的成功之道不僅在於技術，Intel 的 CPU 性能與同時代的競爭者相比並沒有明顯優勢，在 CPU 史上作為性能標竿的 CPU 很少出自 Intel。

Intel 成功的真正原因是選擇了正確的生態建設模式，在 CPU 指令集、電腦整機、作業系統這 3 個層面堅持了向下相容和標準化。

- x86 指令集嚴格遵守"向下相容"原則，新的 CPU 只允許增加指令，不允許刪除或改變原有指令。

- IBM 對 PC 整機定義了標準規範，任何電腦廠商都可以使用 x86 製造電腦，這個開放的生態陣營最有生命力，廠商群眾越來越龐大，不同品牌的電腦裡面使用的都是 x86 的 CPU。

- Windows 對應用程式保持向下相容。Windows 向應用程式提供的程式設計介面稱為 Win32API，包含了 Windows 核心中的系統呼叫規範，多年不變。

"開放"和"相容"是 x86 生態的兩個法寶，使用者選擇了 x86 就能夠擁有越來越多的應用程式，而應用程式正是生態中最有價值的資源。30 年前的 Windows 應用程式在現在的 x86 電腦上仍然能運行。使用者依賴於應用程式，間接地依賴於能夠長期運行這些應用程式的 Windows 和 x86。

違背"開放"和"相容"理念的做法都無法持久。Intel 也曾經嘗試製造 x86 之外的 CPU，例如和 x86 不相容的 IA64 架構，由於無法運行 Windows 應用程式而被使用者抵制。筆者在求學時期曾經在 Intel 實習過，所做的工作是 IA64 架構上的 Java 虛擬機器研究，現在這個團隊也早已解散。即使以 Intel 這種"大一統"的"江湖盟主"身份，一旦違背生態建設的規律也會碰壁。

AMD 拿什麼和 Intel 抗衡？

▌ AMD 以"技術領跑"和"物美價廉"與 Intel 正面競爭

AMD 從最開始就選擇了緊接 Intel，融入 x86 生態，經歷了從"仿製 80x86 系列"到"獨立設計 x86 相容處理器"的過程。AMD 獨立研發 CPU 的歷史始於 1995 年，這一年 AMD 發佈 K5 處理器，與 Intel Pentium 正面競爭。

AMD 也有和 Intel 抗衡的兩大法寶——"技術領跑"和"物美價廉"。

AMD 多次在技術上超過 Intel 的同時代產品。1999 年 AMD 的 Athlon 處理器先於 Intel 突破 1GHz 主頻，改變了 AMD 在世人心中的"Intel 代工廠"形象（見

圖 6.7）；2003 年 AMD 比 Intel 更早推出 64 位元處理器 Athlon 64；2005 年 AMD 率先推出"真雙核心"處理器 Athlon 64 X2，比 Intel 用兩個晶片封裝在一起的 Pentium D 更能節省功耗。

▲ 圖 6.7　AMD Athlon 在世紀之交突破 1GHz 主頻

AMD 的價格一般是 Intel 同等級產品的 2/3。AMD 的配套南北橋晶片、主機板往往也比 Intel 更便宜。電腦整機廠商使用 AMD 處理器能夠有更大的利潤空間。

2005 年是 AMD 的巔峰時刻，當年 AMD 市佔率達到 50%，幾乎與 Intel 平分秋色。

Intel 當然不甘於被人擠掉"盟主地位"，努力發起反擊。2005 年之後，Intel 在 Tick-Tock 路線的拉動下明顯勝過 AMD，Core 2 代橫掃高端桌面，而 AMD 一直未能再拿出有力型號。AMD 的市佔率持續走低，2017 年達到史上最低的 20% 以下。

大多數人本來以為 AMD 從此要遠離市場中心，但它再次迎來了逆轉的機遇。Intel 從 14nm 到 10nm 的製程升級多次遇到問題，AMD 利用手中獨立半導體工廠 GF 的優勢，在製程上再次領跑。2019 年 AMD 推出 7nm 的 Zen2 架構，而 Intel 的主要市場型號還停留在 14nm。2020 年第一季，AMD 的市佔率重新回升到 40%。

Intel 與 AMD 的競爭貫穿了 CPU 發展史。Intel 是公認的偉大公司，而 AMD 更像是可敬的鬥士。Intel 產品發展最快的時候，往往是被 AMD 逼得最緊迫的時候。雖然 AMD 難以擺脫"江湖第二"的追隨者命運，AMD 的市佔率僅有 Intel

的 1/10，但 AMD 的存在明顯促進 Intel 的更快發展，給一個良好生態創造有益的競爭壓力。

第二套生態：ARM 崛起

ARM 趕上行動計算新市場，建立起獨立於 x86 晶片的一套新生態系統

ARM 屬於"自主研發"的榜樣。ARM 始於 1978 年在英國劍橋成立的 Acorn 公司，其在 1990 年改組為 ARM 公司。Acorn 公司製造電子裝置時，認為當時流行的 16 位元處理器 Motoroloa 68000 太貴也太慢，而 Intel 拒絕向這個小公司授權 80286 的設計資料，於是 Acorn 公司的工程師在沒有選擇的情況下，自己開發了 RISC 指令集的 32 位元 ARM 處理器。

ARM 最開始的定位是低功耗、精簡架構的低端處理器，適用於嵌入式、微處理器、物聯網、手持裝置等。2000 年以後，個人數位助理（PDA）、智慧型手機、平板電腦的發展把 ARM 推向巔峰。

ARM 建立了和 x86 平起平坐的"第二套生態"。搭配 ARM 處理器的作業系統有 Linux、Android、蘋果 iOS、Windows Phone，以及許多的即時嵌入式作業系統，甚至微軟的 Windows 都推出過調配 ARM 處理器的版本。

ARM 建設生態的成功法寶之一是"比 Intel 更開放"，ARM 的業務模式和龐大生態如圖 6.8 所示。ARM 很早就退出晶片製造業務，而是把指令集和 IP 核心"授權"給其他公司來製造晶片，授權的費用門檻很低，ARM 晶片遍地開花。Intel 的對手不是 ARM 一家公司，而是所有制造 ARM 相容晶片的半導體公司。ARM 公司自己不製造任何晶片，而是在下游半導體公司賣出的每一片晶片上收取授權費。

▲ 圖 6.8 ARM 的業務模式和龐大生態

ARM 建設生態的成功法寶之二是"在適當的歷史轉捩點推陳出新"。ARM 處理器推出的年代,其他老牌 CPU 廠商都還在桌上型電腦和伺服器市場上拼性能,CPU 越來越大、越來越複雜。即使是 Intel 也沒有預見到"小 CPU"會延伸到世界每一個角落。ARM 避免了從一開始就與 Intel 正面競爭。等到 Intel、AMD、Motorola 這些廠商終於意識到行動 CPU 時代來臨時,已經錯失市場先機,老牌的 CPU 公司"船大難調頭",傳統的指令系統、處理器架構和軟體生態並不適用於行動 CPU。Intel 在行動 CPU 上砸下重金卻以失敗告終;反而是 ARM 這種沒有歷史包袱的新廠商可以輕裝上陣,以行動 CPU 為目標定義出最能得到市場歡迎的新處理器。

ARM 一直在向桌上型電腦和伺服器領域進軍。桌上型電腦和伺服器廠商迫切希望有在 x86 之後接碟的新生勢力,ARM 的伺服器 CPU 性能已經不低於 Intel 至強系列,ARM 在雲端運算、資料中心的前景廣闊。

蘋果公司的 CPU 硬實力

▌蘋果公司在自己的電腦生態中做晶片

蘋果公司首先是一個電腦公司,從蘋果電腦誕生的 1976 年到 2010 年前後,蘋果電腦使用的都是協力廠商公司的 CPU,經歷了"MOS 6502—Motorola MC68000—PowerPC—x86"的曲折歷程。

蘋果公司自主研發的 A 系列 CPU 最開始只用於智慧型手機、平板電腦。2010 年推出的 iPhone 4 第一次搭載了蘋果公司自研的 A4 處理器。

蘋果公司的 A 系列處理器都屬於 SoC 晶片,整合的 CPU 核心相容 ARM 指令系統,同時搭配圖形處理器、運動輔助處理器、神經計算處理器等週邊模組。

蘋果手機使用的 CPU 可分為 3 個階段。

- 使用協力廠商公司的 CPU。iPhone 4 之前的手機使用高通、三星的晶片。

- 使用 ARM 公版設計製造晶片。A4、A5 處理器均為基於 ARM 授權的公版 IP 核心進行少量訂製後生產的晶片。

- 自研處理器核心。蘋果公司對其他 CPU 廠商的產品在性能、功耗方面的表現不滿意,於是重新召集人馬自己做 CPU 設計。2016 年推出的 A6 晶片拋棄 ARM 公版,轉而採用蘋果公司自行設計的 "Swift 微架構"。從此,A 系列晶片均為蘋果公司自行設計處理器核心。

蘋果公司的 CPU 團隊並不是從零開始打造的,而是吸收了 DEC、Intel、ARM、AMD、MIPS 等著名公司的靈魂人物,在蘋果公司的重金支撐下才做出強悍產品。

蘋果公司在行動處理器方面的實力可以稱得上是世界第一位。2020 年推出的 A14 是世界上性能最高的 ARM 處理器,是業界首款 5nm 製程晶片,封裝 118 億個電晶體,整合 6 核心 CPU、4 核心 GPU、16 核心神經網路引擎。A14 的性能與 Intel、AMD 的桌上型電腦 CPU 相比也毫不遜色。世界上其他的手機 CPU 廠商都在追趕蘋果 A 系列的路上,例如高通、三星、聯發科等。

蘋果公司於 2020 年 11 月開始銷售搭載 ARM 處理器的桌上型電腦、筆記型電腦。這標誌著蘋果電腦在使用 x86 處理器 17 年後再次換 "芯",轉入 ARM 生態。

百年巨人：IBM 的 Power 處理器

▍ IBM 仍然掌握著世界上最強的伺服器 CPU 技術

IBM 是現今世界著名半導體公司中歷史最悠久的一家公司，也是全球最大的資訊技術和業務解決方案公司。IBM 建立於 1911 年，20 世紀 40 年代開始製造電腦，20 世紀 60 年代成為世界最大的電腦公司之一。

CPU 只是 IBM 巨量產品中的一小塊業務。IBM 研製的 CPU 主要有以下 4 個系列。

- z 系列處理器：如果說 IBM 是電腦界的巨人，那麼 IBM 的 z 系列處理器就屬於全球處理器界的巨人。這是用在 IBM 大型主機上的最高端處理器，廣泛應用於金融業和關鍵業務領域。2020 年最新公佈的 z15 處理器有 12 個物理核心，使用 GF 的 14nm 製程，核心面積高達 $696mm^2$，整合 122 億個電晶體，主頻為 5.2GHz，快取分為 4 個等級，僅四級快取就多達 960MB。

- Power 處理器：使用 IBM 開發的一種 RISC 指令集，在超級電腦、小型電腦及伺服器中使用。Power 處理器前身可以追溯到 20 世紀 70 年代的 IBM 801 電腦，它是最早的 RISC 電腦之一。第一代 Power 處理器誕生於 1990 年，隨著 IBM 的 RS/6000 系列小型主機發佈。2017 年發佈的 Power9，其性能對比 Intel 至強可高達兩倍。2020 年最新發佈的 Power10，如圖 6.9 所示，在性能和 I/O 頻寬上都有劃時代的提升。

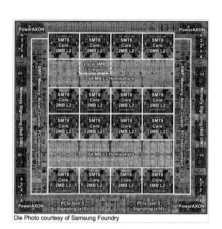

Die Photo courtesy of Samsung Foundry

▲ 圖 6.9 Power 10 續寫 IBM 的強悍本性

- PowerPC 處理器：1991 年 IBM、Apple 和 Motorola 共同開發桌上型電腦導向的 PowerPC 處理器，蘋果電腦在 20 世紀 90 年代的經典型號使用的都是 PowerPC。但 PowerPC 相比 Intel 的優勢逐漸變弱，2003 年蘋果電腦改為和 Intel 合作，PowerPC 在桌上型電腦的歷史終結。目前 PowerPC 主要用在中高端的工業控制、嵌入式領域。

- Cell 處理器：這是 IBM、索尼和東芝於 2001 年聯合研發的處理器，希望像其名稱 "細胞" 一樣滲透到未來數位生活的各方面。Cell 的架構是 "1+N" 的創新模式，一個晶片內整合 1 個 Power4 主核心、8 個輔助處理器（4 個浮點單元、4 個整數單元，暫存器為 128 位元 ×128 個），使用一個超高速匯流排進行互聯。可以看到這樣一個大體量的 CPU 非常適合於超級電腦，IBM 確實使用 Cell 處理器製造了 Roadrunner 電腦，登上世界最快電腦排行榜的第 2 名。也許是 IBM 覺得 Cell 的理念過於超前，於是在 2009 年終止研發 Cell 處理器，但其很多成功的設計要素被後來的 Power 繼承。

Power 處理器是 IBM 的看家處理器，出身高貴，走 "高端 + 高價" 路線，性能、I/O 頻寬、可靠性、可維護性使 Intel 望洋興嘆。雖然近年來 Power 的中低端市場逐漸受到 Intel 至強的侵蝕，但是像金融核心系統等市場還是被 Power 雄據。

第**3**節
小而堅強

2018 年，ARM 上線了一個嘲諷 RISC-V 的網站，從 5 個方面對 RISC-V 架構進行攻擊：成本、生態、碎片化風險、安全性、品質保證。ARM 這種對抗性明顯的舉措引發了開放原始碼社區的不滿，ARM 最終關閉了這個網站。

—— Arm Kills its Risc-v FUD Website , 2018

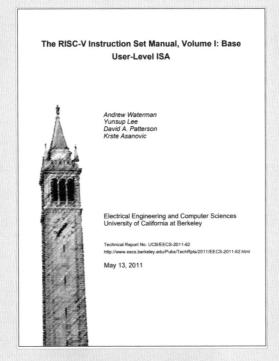

RISC-V 第一份手冊（2011 年）

教科書的殿堂：MIPS

▌每一個 RISC 處理器都有 MIPS 架構的影子

MIPS 公司由史丹佛大學前校長約翰·亨利斯（John Hennessy）的團隊於 1984 年建立。MIPS 是 RISC 處理器先鋒，曾經建立能與 x86、ARM 相比肩的生態。

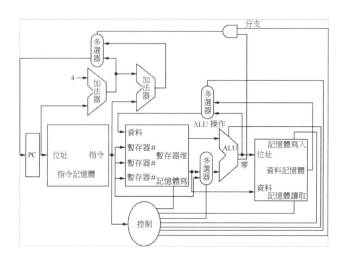

MIPS 自始至終都有深厚的學術氣息。3 本電腦原理經典教材中有兩本的作者都是約翰·亨利斯本人，所以國外電腦專業學生學習 CPU 原理就是以 MIPS 為典範，如圖 6.10 所示。MIPS 也是在學術上最開放、在科學研究領域資料最豐富的 CPU。

▲ 圖 6.10 約翰·亨利斯在電腦經典著作中以 MIPS 為教學內容

MIPS 公司在技術上有超強實力。MIPS 在 1991 年推出的 R4000 實現了 64 位元架構，而 Intel、ARM 推出 64 位元 CPU 至少在 10 年以後。

在 20 世紀 90 年代，MIPS 曾經一度輝煌，是當時商業上用途最廣泛的 RISC 處理器。MIPS 產品線豐富，覆蓋高端的伺服器、工作站，中階的個人電腦、遊戲主機、網路交換機，低端的嵌入式、微處理器。

2000 年前後是 MIPS 從輝煌走向沒落的轉捩點。其在伺服器、桌上型電腦方面遭到 x86 嚴重擠壓，在嵌入式、物聯網方面沒有敵過 ARM 的 “第二套生態”。MIPS 沒有抓住行動計算的機遇，架構升級緩慢，逐漸失去了特色。MIPS 公司經營不善，幾經轉賣，現在在市場中的地位已經邊緣化。

MIPS 給處理器歷史留下了豐厚 “遺產”。MIPS 生態的開放性吸引了許多廠商加入。在教育領域，MIPS 對電腦人才的培養功不可沒，很多 CPU 從業者學習的第一款處理器都是 MIPS。

RISC-V 能否成為明日之星？

建立在開放原始碼理念上的 RISC-V 處理器得到廣泛關注，但是仍然難以克服碎片化的 “頑疾”

RISC-V 與 MIPS 師出同門。RISC-V 的領導者之一是大衛‧派特森（David Patterson），他與 MIPS 的創始人約翰‧亨利斯合作撰寫了兩本經典電腦教材——《電腦系統結構：量化研究方法》和《計算機組成與設計：硬體 / 軟體介面》。

RISC-V 有鮮明的 “破舊立新” 性質。2010 年，派特森所在的柏克萊大學研究團隊要設計一款靈活的 CPU，然而，Intel、ARM 對授權卡得很嚴，並且帶有嚴格的商業限制。因此，柏克萊大學研究團隊決定從零開始設計一套全新的指令集。

RISC-V 把 “極簡主義” 在 CPU 設計上發展到極致。全新的設計使 RISC-V 沒有任何歷史包袱，沒有向下相容的負擔。短小精悍的架構和模組化的哲學使

255

RISC-V 架構的指令非常簡潔。基本的 RISC-V 指令僅有 40 多筆,加上其他的模組化擴充指令總共幾十行指令。RISC-V 指令集核心文件只有 238 頁,而像 x86、ARM 的指令集都有幾百行指令,文件則都有上千頁。

RISC-V 生態基於 "自由開放" 的理念,基金會成員數量持續增長,如圖 6.11 所示。RISC-V 指令集可以自由使用和擴充,允許任何人設計、製造和銷售 RISC-V 晶片和軟體,不需要交納任何授權費用。可以看到,RISC-V 的這種開放理念深受開放原始碼軟體社區的影響,目標是建立一個不受某個商業 CPU 廠商控制的 "全民生態"。

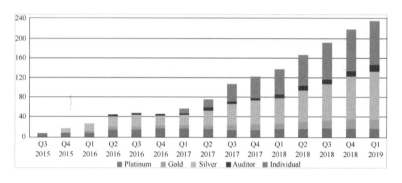

▲ 圖 6.11 RISC-V 基金會成員數量持續增長

RISC-V 在 CPU 技術中的基礎原理創新相對較少。重新設計指令集是非常簡單的工作,RISC-V 的第一版指令集設計也就花了幾個月時間。現代 CPU 的核心原理已經在 2000 年達到成熟,RISC-V 主要是利用已有技術設計晶片。

RISC-V 面臨的最大問題是要在穩固的 CPU 生態格局中取得自己的立足之地。x86、ARM、Power 已經分割了 CPU 世界,分別靠著獨門絕技擊敗昔日的許多競爭者,透過多年的生態建設形成了極高的門檻。

RISC-V 作為後來者,軟體生態只能從零做起,目前主要在低端的嵌入式、物聯網領域分一杯羹,在桌上型電腦、伺服器、行動計算領域還沒有邁過 "零的突破"。2018 年至今,RISC-V 的發展速度明顯加快,期待將來能夠創造一番新天地。

第**4**節

世界邊緣

日本企業為 Intel 公司製造、銷售 8086 和 8088 晶片，在辛辛苦苦幫助 x86 架組成為 "世界標準" 後，Intel 公司卻切斷了對日本公司的 32 位元 CPU 的授權，以便獨自享受壟斷市場的果實。

—— 《一段被遺忘的歷史：日美爭奪 CPU 和作業系統主導權之戰》，鄭卓然

排名	1990		1995		2000		2006		2014		2015
1	日本電氣	4.8	英特爾	13.6	英特爾	29.7	英特爾	31.6	英特爾	51.4	英特爾
2	東芝	4.8	恩益禧	12.2	東芝	11.0	三星	19.7	三星	37.8	三星
3	日立	3.9	東芝	10.6	恩益禧	10.9	德州儀器	13.7	高通	19.3	高通
4	英特爾	3.7	日立	9.8	三星	10.6	東芝	10.0	鎂光科技	16.7	海力士半導體
5	摩托羅拉	3.0	摩托羅拉	8.6	德州儀器	9.6	意法半導體	9.9	海力士半導體	16.3	鎂光科技
6	富士通	2.8	三星	8.4	摩托羅拉	7.9	瑞薩科技	8.2	德州儀器	12.2	德州儀器
7	三菱	2.6	德州儀器	7.9	意法半導體	7.9	海力士	7.4	東芝	11.0	恩智浦 / 飛思卡爾
8	德州儀器	2.5	IBM	5.7	日立	7.4	飛思卡爾	6.1	博通	8.4	東芝
9	飛利浦	1.9	三菱	5.1	英飛凌	6.8	恩智浦	5.9	意法半導體	7.4	博通
10	松下	1.8	現代	4.4	飛利浦	6.3	恩益禧	5.7	瑞薩科技	7.3	意法半導體

1990—2015 年世界前十大半導體廠商排名，日本廠商逐漸減少

日本如何失去 CPU 主導權？

▎生態主導權是靠指令集、專利壟斷，晶片製造只是產業下游

美國矽谷企業是世界 CPU 戰局的最終勝利者。日本、歐洲、韓國也曾經擁有雄厚的 CPU 研發實力，為 CPU 家族譜寫許多支脈。

日本在歷史上的 CPU 水準曾經僅次於美國。20 世紀 70 年代是電腦發展的拓荒時期，美國的英特爾（Intel）、MOS、Zilog、摩托羅拉（Motorola）都向日本公司提供授權，恩益禧（NEC）、夏普（Sharp）、日立（Hitachi）、理光、富士通、東芝（Toshiba）、三菱（Mitsubishi）都曾經大量製造相容 CPU。日本公司製造的相容 CPU 和記憶體晶片物美價廉，反而成為美國市場的銷售主力，美國的本土晶片企業面臨巨大的危機。

日本公司犯下的最大錯誤是只重視做 CPU 產品、忽視生態主導權。做相容 CPU 只能是美國公司的追隨者，始終無法避開授權障礙。日本公司辛苦地扶持 x86 架組成為 "世界標準" 後，換來的是 Intel 過河拆橋。1986 年，在 80386 處理器即將上市時，Intel 揮起大棒，上演 "斷供" 的手腕，中止向日本公司提供 32 位元 CPU 授權。從此日本公司無法再研製 x86 相容的處理器，只能從 Intel 購買成品晶片，失去了獨立發展 CPU 技術的發言權。

日本生產的電腦也無奈多次 "換芯"。NECPC98 系列電腦是日本普及率很高的 "國民電腦"，1982 年初代上市時使用 Intel 8086，隨著 NEC 自身 CPU 水準的提高，1985 年改為使用 NEC 設計的 V30。Intel 在 1986 年對 NEC 停止授權後，NEC 只能又回歸到購買使用 Intel 的 80286，如圖 6.12 所示。

在 x86 路線上受到重挫的日本公司空懷一身技術，開始意識到自研指令系統的重要性，立下雄心壯志要掌握 CPU 的發言權。實際上 1984 年日本政府、企業、科學研究機構就聯合啟動了 TRON 專案，採用和 x86 不相容的架構，打造日本獨立的資訊產業系統。

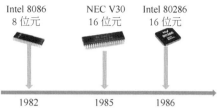

▲ 圖 6.12 日本 NEC PC98 系列電腦的 "換芯" 歷程

矽谷企業一方面以 "不公平貿易" 和 "盜取智慧財產權" 為幌子進行強硬打壓，另一方面以極低的授權條件誘導日本放棄 TRON 專案。TRON 專案在這樣的兩面攻擊下，放棄了與美國企業在 PC 市場正面競爭，只允許在電子、汽車、工業裝置等低端嵌入式領域使用。

日本公司還為 CPU 家族補充了其他幾種 "小眾" 指令集。Hitachi 設計了 SuperH 架構，Toshiba 設計了 TMPM CISC 架構，HP 公司設計了 PA-RISC 架構。相比之下，日本對 CPU 家族的貢獻更多還是在製造方面，上述企業都生產了大量相容 ARM、MIPS、Power、Cell 的晶片。

生產製造的繁榮依然難掩日本 CPU 產業的落幕。失去生態發展權的教訓值得警醒，大國崛起要防止 "割韭菜" 事件再次上演。

歐洲重振處理器計畫

▎歐盟 EPI 計畫製造基於 ARM 或 RISC-V 的超級電腦 CPU

歐洲的 CPU 產業和美國的相比差距明顯，不僅沒有形成一個像矽谷一樣量級的產業、科學研究、大專院校聚集區，而且沒有看到在 CPU 生態上有大的主動作為。

歐洲半導體企業生產的處理器以嵌入式、微處理器為主。

意法半導體生產 STM8、STM32 兩種微處理器，其中 STM8 採用自定義架構，STM32 採用相容 ARM 架構。

德國西門子公司在 1999 年把半導體部門剝離出來，成立英飛凌（Infineon）科技公司。它是汽車電子領域最為成功的晶片製造商之一，生產的 CPU 產品主要是微處理器，分為 ARM 相容系列、自研架構 TriCore 系列。

荷蘭飛利浦公司於 2006 年成立旗下的恩智浦半導體（NXP Semiconductors），現在生產相容 ARM、Power 的微處理器。

歐洲於 2018 年提出了旨在振興 CPU 能力的 "歐洲處理器計畫"（European Processor Initiative，EPI）。EPI 集結了歐盟 10 個成員國的 27 家研發機構，目標是研製低功耗微處理器和超級電腦導向的 CPU。EPI 準備採用的指令集有兩個，分別是 ARM 和 RISC-V。EPI 現在還處於初期階段，技術水準尚待觀望。

韓國的 CPU 身影

▍三星 CPU 在嵌入式、手機上出貨量很大，但缺乏標竿

韓國最大的企業集團三星（Samsung）有長久的 CPU 研發歷史。舉例來說，三星 S3C2410 處理器是最早流行的 ARM 嵌入式處理器。筆者在 2004 年使用 S3C2410 開發了多種智慧型機器人、消費 POS 機、安全檢測裝置。

行動處理器是三星的重點產品。蘋果 iPhone 手機的第一代、第二代都使用三星的 ARM 處理器。2011 年三星正式推出 Exynost（獵戶座）系列處理器，主要應用在智慧型手機和平板電腦上，其目前仍是具有國際影響力的行動處理器。

韓國主要走與日本類似的相容製造路線，自主設計 CPU 的能力稍顯不足。三星的 ARM 處理器雖然銷售量大，但是多數採用 ARM 授權的公版 IP 核心，使用三星自己的先進製造製程（10nm 以下）來生產，在性能、功耗方面缺乏鮮明優勢，面對蘋果 A 系列、高通、華為海思的競爭力較弱。

韓國 CPU 只能作為世界 CPU 家族中的一員，難以做到一絕。

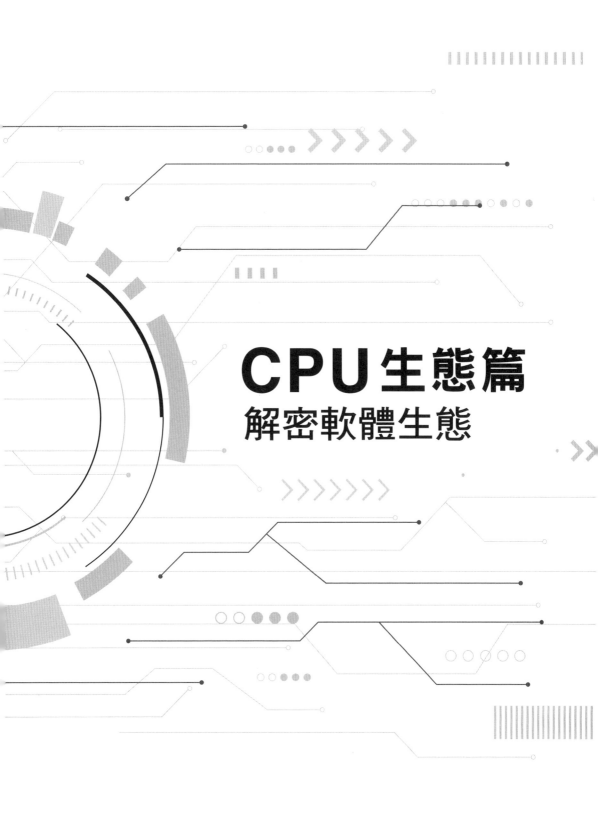

CPU生態篇
解密軟體生態

第1節
生態之重

軟體生態是在公共的技術基礎設施上，由軟體產品與服務及相關參與方者相互作用而形成的複雜系統。軟體生態系統中的利益相關者採用資料共用、知識分享、軟體產品及服務提供等方式為軟體生態系統做貢獻。

——*Software Ecosystem: Understanding an Indispensable Technology and Industry*，
D. G. Messerschmitt 等，2003

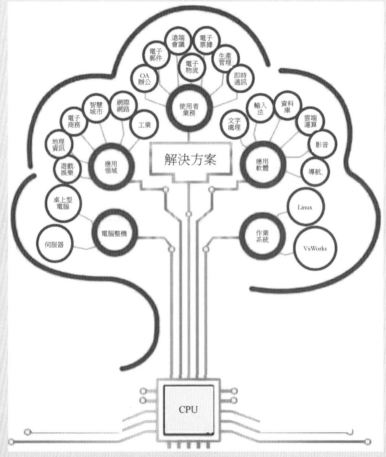

從 CPU 生長出生態大樹

CPU 廠商為什麼要重視生態？

CPU 是軟體生態的起點，CPU 的價值由其上承載的軟體生態的價值決定

CPU 生態（Ecology）是圍繞某一種 CPU 的全部資源的集合，包括配套軟硬體、應用軟體、社區、知識庫、書籍、開發者、合作廠商、使用者等所有上下游產業鏈。

軟體生態（Software Ecology）是指某一種 CPU 能運行的所有軟體的集合。軟體生態是 CPU 生態中最重要的一方面，在日常交流中也經常稱之為應用生態、資訊化生態，或簡稱為 "生態"。

CPU 是軟體生態的起點，一種 CPU 承載了一個軟體生態。CPU 提供 "土壤"，軟體生態是根植於 CPU 的 "森林"。

CPU 的價值由其上承載的軟體生態的價值決定。CPU 本身沒有使用價值，一個 CPU 只是元件，對使用者沒有任何用處。只有 CPU 加上應用軟體才能給使用者提供服務。應用軟體數量越多，代表軟體生態越豐富，則 CPU 能做的事情越多，給使用者提供服務的價值越大。

做軟體生態的門檻遠遠高於做 CPU。做 CPU 主要是技術工作，CPU 的基本原理已經在 2000 年前後達到成熟，一個 CPU 公司只要投入足夠的人力和時間就能做出產品。

相比之下，做生態是一個群眾行為，需要成千上萬的廠商齊心合作、多年累積。應用軟體的開發成本巨大，大型專業軟體的複雜程度不低於 CPU，CPU 廠商不可能自己開發所有的應用軟體。

成功的 CPU 廠商都要爭取到更多應用廠商支持，核心是打造和應用廠商的 "統一戰線" ，使應用廠商有利可圖。這樣才能使生態越來越繁榮，也才能提升 CPU 銷售量。

做生態最難的是在發展初期，很難打破 "應用數量少—使用者少—應用廠商不願意支援—更加沒人用" 的怪圈。很多 CPU 廠商都是在還沒有跳出怪圈的時候就沒法再維持下去，能夠進入良性正向循環的生態就屬於幸運兒了。

放眼全球，能做 CPU 的公司不止百千家，但是敢於做生態的公司屈指可數。

Inside 和 Outside：CPU 公司的兩個使命

▎ "Inside 和 Outside" 模型

"Inside 和 Outside" 是在 2012 年提出的模型，如圖 7.1 所示。Inside 是指晶片之內的 CPU 核心，這是做晶片最難的看家本事；Outside 是指晶片之外的軟體生態，這是表現 CPU 的可用性、放大 CPU 價值的重要支撐。Inside 和 Outside 之間，以晶片作為銜接的載體。

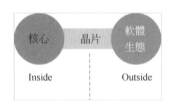

▲ 圖 7.1 晶片生態的 Inside 和 Outside

成功的 CPU 公司都會在晶片研發團隊之外同時建設軟體生態研發團隊。需要在原有晶片研發團隊之外成立系統軟體研發團隊。系統軟體研發團隊專職從事軟體生態建設。

CPU 和應用軟體之間的介面

▌指令集和系統呼叫是最重要的兩個介面

對軟體生態中的軟體進行分類，最簡單的一種方法是可以分為下層的作業系統和上層的應用軟體。對最終用戶來說，關注的重點是應用軟體。CPU 和作業系統是支撐應用軟體生態的兩個最重要的"底座"。

CPU 和應用軟體之間的介面有兩種，如圖 7.2 所示。

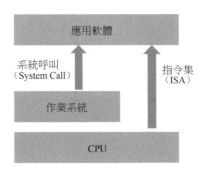

▲ 圖 7.2 CPU 和應用軟體之間的兩種介面

- CPU 的指令集（ISA）。指令集規定了軟體的二進位編碼格式規範，所有運行相同指令集的 CPU 稱為"相容的"。在一個 CPU 上開發的軟體只能在與其相容的 CPU 上運行。

- 作業系統的系統呼叫（System Call）。系統呼叫規定了作業系統向應用軟體提供的服務介面。

軟體生態的典型架構

▌ 應用軟體介面是軟體生態的重要內容

複雜的軟體生態是自底向上生長的"多層結構",如圖 7.3 所示。在相鄰的兩層中,下層軟體為上層軟體提供支撐服務。

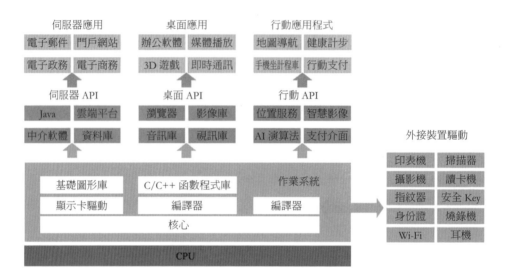

▲ 圖 7.3 軟體生態的典型架構

作業系統位於軟體生態的最底層。作業系統負責管理整個電腦的硬體資源,對每一種硬體裝置提供軟體管理模組,這樣的軟體管理模組稱為"驅動程式"(Driver)。典型的驅動程式有顯示卡驅動程式、外接裝置驅動程式等。作業系統還提供編譯器(Compiler),用於提供基礎程式語言環境,這一層中使用最多的程式語言是 C/C++。

應用程式介面(Application Programming Interface,API)提供豐富的程式語言環境、函數程式庫,是軟體開發者使用的工具。API 是位於作業系統之上、應用程式之下的單獨一層。所有的應用軟體都是以程式碼呼叫 API 開發出來的。

第一種應用程式語言 Fortran 誕生於 1954 年，現在全世界的程式語言加起來至少有上千種，最常用的有 Java、Python、.Net、BASIC、JavaScript、HTML 等。

應用軟體位於軟體生態的最上層，是最終使用者使用的軟體。

伴隨軟體生態的還有一個 "週邊設備"（Devices）群眾，這是使用者在使用應用程式處理業務時要呼叫的硬體。週邊設備以某種硬體介面連接到電腦上，在應用程式中進行存取。

在這樣一個複雜的軟體生態中，CPU 和應用軟體生態之間的介面增加到 3 種，都是應用程式得以運行的必要條件，如圖 7.4 所示。

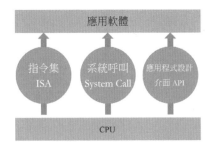

▲ 圖 7.4 CPU 和應用軟體生態之間的 3 種介面

可以列出下面的公式：

$$應用軟體介面 = \{ISA, System\ Call, API\}$$

其中，ISA 是 CPU 的指令集，System Call 是作業系統的系統呼叫，API 是應用程式介面。這 3 種介面都是生態建設的重要內容，一個良好的生態透過這 3 種介面提供應用程式開發環境。

第 **2** 節
開發者的號角

Java 作為開發語言一哥,已經幾十年沒被人撼動過了。

——《2020 年開發者生態報告》

排名	職務	排名	職務
1	Java 開發工程師	11	網際網路軟體工程師
2	軟體工程師	12	網際網路產品專員 / 助理
3	Android 開發工程師	13	資料庫開發工程師
4	軟體測試	14	售前 / 售後技術支援工程師
5	高級軟體工程師	15	三維 /3D 設計 / 製作
6	演算法工程師	16	系統架構設計師
7	iOS 開發工程師	17	CNC/ 數控工程師
8	Web 前端開發	18	PHP 開發工程師
9	嵌入式軟體開發	19	硬體工程師
10	網路與資訊安全工程師	20	IT 技術支援 / 維護工程師

軟體開發行業人才缺口(來源:智聯應徵,2019 年)

生態先鋒：軟體開發者

▌ 開發者是為軟體生態貢獻成果的最主要因素

開發者（Developer）是指軟體生態中應用程式的製造者，狹義上指撰寫程式的程式設計師，廣義上可以指一切參與應用程式製造過程的開發人員或開發廠商。

根據工作層面的不同，有兩種類型的軟體開發者，如圖 7.5 所示。

- 系統軟體開發者：應用程式之外的軟體開發者，包括作業系統開發者和 API 開發者。系統軟體開發者的重點是使作業系統能在 CPU 上穩定運行，同時向應用程式提供豐富、高效的程式設計 API。

- 應用軟體開發者：應用程式的製造者，工作內容是在伺服器或桌上型電腦上開發應用程式。應用軟體開發者的重點是程式的功能，使其能夠最大限度地滿足使用者需求，同時具有好的人機互動體驗。

系統軟體開發者
掌握 CPU、作業系統原
理人數較少

應用軟體開發者
掌握程式語言、使用者需
求人數較多

▲ 圖 7.5 兩種類型的軟體開發者

兩種開發者都是建設軟體生態的生力軍，是當之無愧的生態先鋒。

開發者群眾呈現 "應用軟體發達、系統軟體薄弱" 的特點。大部分國家都是的應用軟體開發者數量龐大，但系統軟體開發者相對少得多，這其中絕大部分人還是在開原始程式碼基礎上改造訂製，屬於作業系統中的低端工作。API 開發者則極為稀有，從事 C/C++ 編譯器、Java 編譯器的人員極少。

作業系統是怎樣 “做” 出來的？

作業系統公司大多數走基於開放原始碼 Linux 訂製發行版本的路線

作業系統包括兩類：商業作業系統和社區作業系統。商業作業系統是由某個公司開發的，往往不公開原始程式碼，典型的如微軟的 Windows、蘋果公司的 macOS；社區作業系統是由世界各地的程式設計師基於網際網路合作開發的，往往將原始程式碼公開，典型的如 Linux。

開放原始碼作業系統可以作為學習作業系統開發過程的良好範例。

Linux 作業系統通常以 “發行版本”（Distribution）的形式提供成品。發行版本是指 Linux 開發者將網際網路上的大量分散的軟體原始程式碼整理到一起，在一個 CPU 平台上進行編譯，再按照統一的打包格式進行整合，最後形成一張安裝光碟，這樣使用者透過光碟就可以在電腦上安裝了。Linux 發行版本的開發過程如圖 7.6 所示。

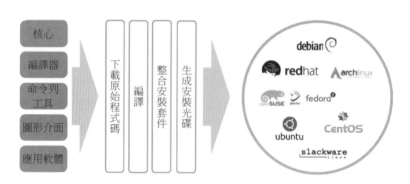

▲ 圖 7.6 Linux 發行版本的開發過程

做發行版本的過程技術含量很低，主要是重新編譯的體力工作，需要自己寫原始程式碼的機會很少。任何人都可以按照上面的方式生產自己的發行版本。很多商業公司也會開發 Linux 發行版本，透過給使用者提供技術諮詢、支援、維護的服務方式營利。

Linux 作業系統已經形成了幾百種不同的發行版本，最常用的有 Fedora、Redhat、Ubuntu、Debian 等。

虛擬機器：沒有 CPU 實體的生態

▎虛擬機器型程式設計語言代表了應用軟體開發者"脫離指令集依賴"的願望

在程式語言領域中，虛擬機器（Virtual Machine）是使用軟體撰寫的程式語言運行平台，能夠載入應用程式的原始程式碼進行執行。"虛擬"的含義是指虛擬機器的行為類似於 CPU 運行指令集，但是虛擬機器不像 CPU 一樣有硬體實體。

應用程式是使用程式語言開發的，若要在一個 CPU 上運行，需要轉換成這個 CPU 的機器指令。根據從原始程式碼到機器指令的轉換方式，程式語言分為兩種類型：本地編譯型、虛擬機器型。

- 本地編譯型：原始程式碼經過編譯（Compile），轉換成二進位的 CPU 機器指令序列，即"可執行檔"（Executable File）。應用程式運行時，只需要可執行檔，不再需要原始程式碼。

- 虛擬機器型：原始程式碼不需要事先編譯，而是直接在一個虛擬機器（Virtual Machine）上執行。虛擬機器動態地載入原始程式碼，將其轉為當前運行的 CPU 的機器指令，然後就可以運行了。

虛擬機器遮蔽了應用程式對 CPU 的依賴。本地編譯型程式語言發佈的可執行檔需要針對不同 CPU 提供不同的二進位版本，而虛擬機器型程式語言發佈的只有一份原始程式碼，可以運行在所有 CPU 上，因為虛擬機器遮蔽了不同指令集的差異。應用軟體開發者在撰寫原始程式碼時，不用考慮將來其運行在什麼 CPU 上。例如 Java 虛擬機器使 Java 語言可以"一次編譯，多處運行"，如圖 7.7 所示。

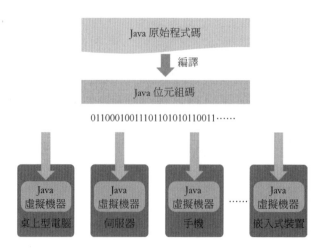

▲ 圖 7.7 Java 虛擬機器使 Java 語言可以 "一次編譯，多處運行"

虛擬機器型程式語言的數量遠遠超過本地編譯型。本地編譯型的典型程式設計語言有匯編語言、C/C++、Fortran、Pascal 等，都屬於 20 世紀 80 年代以前誕生的傳統語言；20 世紀 90 年代以後誕生的新語言大部分為虛擬機型編程語言，例如 Java、.Net、JavaScript、Python、PHP、Shell 指令稿等。還有一些語言屬於 "混合類型"，既支援本地編譯，又能以原始程式碼方式在虛擬機器上執行，例如 Google 在 2009 年發佈的 Go 語言。

基於虛擬機器，電腦開發人員可以脫離 CPU 建立獨立的生態。這個生態屬於虛擬機器，而不屬於某個 CPU。在伺服器 API 中，最成功的虛擬機器生態是 Java，佔據 90% 以上的市佔率。在桌面 API 中，使用量最大的是 JavaScript 虛擬機器，其在每一台電腦的瀏覽器中都是不可缺少的。在行動計算 API 中，最普及的是 Android 虛擬機器，它是人們使用的 Android 手機、平板電腦的基礎平台。

第**3**節
解決方案如何為王

智慧型手機產業總收益的一半都進入了蘋果公司的口袋。

——*Global Smartphone Wholesale Revenues*, Strategy Analytics，2018

企業對解決方案的掌控能力決定其市場地位

生態的發言權：解決方案為王

▌ 企業對解決方案的把控能力決定其所獲得的利潤

解決方案（Solution）是針對一種應用需求提出的整體的軟硬體平台。CPU 在應用場景中使用時，需要加上主機板、作業系統、週邊設備、應用軟體才能共同組成解決方案。一個解決方案做好以後，可以在同類的應用場景中重複使用。

IT 產業本質上是“解決方案為王”的產業。解決方案企業掌握著生態的發言權。

解決方案的研發難度高於 CPU 元件本身。解決方案蘊含了對於應用需求的精準理解，同時要滿足功能豐富、成本低廉、性能先進、靈活訂製等多方面的要求，任何一個廠商都很難在短時間內在各方面全部達到優秀，而必須在實際應用中不斷地磨合改進。這需要很大的人力、資金、時間投入。

“解決方案為王”的含義是指企業對解決方案的掌控能力決定其所獲得的利潤。擁有優秀解決方案的企業一旦佔領市場，就可以領跑生態、成為市場引領者，掌握定價主導權。市場規律表明，某個解決方案的門檻越高，擁有該解決方案的企業就可以站在產業鏈的高端，在整個產業鏈中享有越高的利潤。而沒有核心解決方案、只會製造產品的廠商只能站在產業鏈的低端，很容易陷入和其他廠商的同質競爭，導致利潤越來越低。

CPU 生態實際上就是一個 CPU 能夠提供的解決方案的總和。解決方案的“王”同時也掌握了 CPU 生態的發言權。CPU 企業不僅要掌握處理器技術，更重要的是要掌握生態發言權。

電腦 CPU 賺錢，手機 CPU 不賺錢？

▌電腦的 CPU 設計難度遠遠高於手機 CPU

"解決方案為王"有一個事實例子：電腦領域 CPU 企業比整機企業賺錢，而手機領域整機企業比 CPU 企業賺錢，如圖 7.8 所示。

- 電腦領域。2019 年，世界最大的電腦 CPU 企業——Intel 銷售收入 720 億美金，淨利潤 210 億美金。世界最大的電腦整機企業——聯想公司銷售收入 510 億美金，淨利潤 5.97 億美金。CPU 企業的利潤率是整機企業的 25 倍。

- 手機領域。2019 年，蘋果一家佔據了全球智慧型手機行業 66% 的利潤和 32% 的手機銷售總收入。三星排在全球智慧型手機行業利潤榜的第二位，佔整個手機行業利潤的 17%。

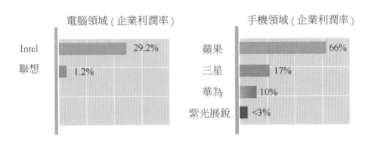

▲ 圖 7.8 電腦領域裡做 CPU 賺錢，手機領域裡做 CPU 不賺錢

造成這一事實的原因是，電腦的 CPU 設計難度遠遠高於手機 CPU。電腦 CPU 市場被 Intel 等極少數廠商壟斷，Intel 是電腦解決方案的設計者——Intel 不僅做 CPU，還做電腦主機板設計。聯想公司在最核心技術的 CPU、主機板上不提供太多原創設計貢獻，只需要拿到 Intel 的電腦設計資料進行生產即可。而與聯想公司競爭的企業還有 HP、Dell 等一大批電腦廠商，所以 Intel 能拿走整個產業鏈中的最高額利潤。

而手機 CPU 的設計難度很低。任何廠商都可以拿到 ARM 授權的公版設計資料生產晶片,世界上能做 ARM 晶片的有幾百家企業。手機的設計則有較高難度,既要美觀漂亮,又要作業系統流暢,還要待機時間長。世界上能做 "好手機" 的知名廠商不到 10 家,這其中蘋果手機的研發投入最大,在整體品質上能保持先進,解決方案也比 Android 手機更優秀。所以在手機領域,蘋果手機利潤率最高,三星做 Android 手機的利潤率就要低一些,做手機 CPU 的廠商則幾乎無利潤可言。

IT 產業的根本出路:建自己的生態系統

表面上來看做晶片是最重要的事情,而長遠來看真正最重要的事情是建立新的生態系統

產業鏈存在剝削現象,一個產業鏈最終的價值是消費者給的,而產業鏈內部的利益分成則主要是由生態主導者定的。產業鏈企業怎麼分錢,不是幹得多就分得多,也不是做晶片的必然分得多,而是 "地主" 分得多—— "地主" 就是控制解決方案、控制產業生態的那個企業。

對於 CPU 企業,表面上來看做晶片是最重要的事情,而長遠來看真正最重要的事情是建立新的生態系統。在現有的 x86、ARM 系統中做 CPU 只能成為追隨者,即使 CPU 做得好也不可能奪得發言權,x86、ARM 不可能任由 CPU 企業挑戰其地位,在其地位受到威脅時就會運用 "智慧財產權" "貿易公平" 等藉口來實施壓制。IT 產業的根本出路就在於要建自己的產業系統,探索基於自己的指令集、建立獨立軟體生態的道路。

第**4**節
生態的優點

Windows 10 是有史以來相容性最高的作業系統。在受檢測評估的 4.1 萬款軟體中，最終僅 49 款軟體與 Windows 10 存在相容性問題。換言之，Windows 10 的軟體相容性已達 99.9%，只有區區 0.1% 還不相容。

——Helping Customers Shift to a Modern Desktop，施洋（Jared Spataro），
Microsoft 365 副總裁，2018

IBM PC 生態在開放和相容之間達到最佳平衡，40 年前的
軟體還能運行在現在的電腦上

優秀生態的 3 個原則：開放、相容、最佳化

▌開放壯大力量，相容累積成果，最佳化提升體驗

縱觀所有保持長期良性持續發展的生態，開放、相容、最佳化是 3 個基本原則。

- 開放：生態鏈中的企業數量許多，都能公開平等地合作。只要企業有意願、有技術實力，就能夠參與到生態鏈中發揮貢獻、獲得利益。開放的生態能夠壯大力量，永久保持創新活力，防止少量企業壟斷生態而阻礙發展。

- 相容：生態鏈中的企業制定好合作規則，每個企業提供的產品都能和其他企業的產品配合工作。相容的理念可以使所有企業方便地融入生態，形成合力，最大化地減少衝突、節省合作成本。相容的規則透過企業間的一系列標準規範來約束。

- 最佳化：生態鏈中的企業聯合最佳化整體解決方案，每個企業根據其他企業的產品特點來提升產品的品質、性能。最佳化的理念是在同樣的軟硬體成本前提下挖掘解決方案的內在潛力，提高使用者體驗和運行效率。

這 3 個原則在優秀的生態中都能得到印證。

優秀生態的範例：Windows-Intel、Android-ARM、蘋果

▌即使在矽谷，成功的生態企業也是極少數

矽谷企業在生態建設方面經驗豐富，提供了可參考的優秀範例，如圖 7.9 所示。

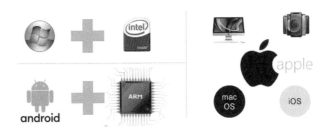

▲ 圖 7.9 Windows-Intel、Android-ARM、蘋果

- 相容性至上的 Windows-Intel 系統。Intel 的 x86 指令集幾十年保持向下相容，今天的 x86 電腦仍然可以運行 40 年前的應用程式。Windows 的系統呼叫（System Call）從 20 世紀 90 年代開始就走相容發展路線。IBM 和 Intel 聯合制定桌上型電腦的硬體規範，所有 x86 整機廠商的主機板都要遵守相同設計規則，一張 Windows 光碟可以在所有 x86 電腦上安裝，20 年前的 Windows XP 在今天最新的整機上還能安裝，這是了不得的功夫。

- 開放的 Android-ARM 系統。ARM 向全球半導體企業提供晶片授權，Android 作業系統免費開放所主動程式。ARM、Android 向生態輸出了巨大的價值，任何手機廠商都能夠使用 Android 和 ARM 製造手機。全球智慧型手機市場中 Android-ARM 組合佔 87%，遠遠超過封閉單一的蘋果手機。

- 最佳化到像素級的蘋果生態。蘋果公司有一流的硬體、軟體聯合最佳化能力，蘋果電腦的作業系統既是技術精品，又是藝術精品。蘋果公司善於利用中等性能的 CPU 製造出使用者體驗一流的電腦、手機。蘋果公司還會根據自己產品的需要，要求其他供應商提供最佳化訂製的處理器、顯示卡等元件。蘋果

作業系統的設計理念是"對每一個應用、每一個功能、每一個像素進行最佳化",這樣才使得蘋果電腦、手機成為介面設計的業界標竿。

鬆散型的生態：Linux

Linux 在桌上型電腦市場佔有率幾乎為 0，在伺服器市場佔有率僅 10%

Linux 是鬆散型生態的代表。Linux 的優點是堅持開放性，但在相容、最佳化方面缺乏建樹。

在開放性方面，Linux 是最成功的開放原始碼軟體，是普及率最高的開放原始碼作業系統。Linux 起源於 20 世紀 90 年代，是網際網路社區開發的作業系統，所有開發者都可以下載原始程式碼、加以改進、提交貢獻。2019 年，Linux 核心社區提交的程式超過 74000 次，作者是來自全球各地的 4189 名程式設計師，累計增加了 300 萬行程式。這個規模與微軟 Windows 核心的工程師規模不相上下。

Linux 得到 Intel、AMD、IBM、Redhat、華為等知名企業的重點支援，在全球伺服器作業系統市場中獲得了顯著百分比。Android 作業系統的核心也是基於 Linux 的，在嵌入式、微處理器領域也是以 Linux 為首選作業系統。

在相容性方面，Linux 呈現出嚴重的標準缺失、碎片化現象。Linux 的社區沒有像 Intel、Windows 一樣重視標準化。Linux 的核心版本升級頻繁，不同版本的核心系統呼叫經常發生變化，而且不堅持向下相容，新版本經常"不支援"舊的系統呼叫，或擅自改變系統呼叫的功能、參數。

Linux 的應用程式介面（API）不相容現象嚴重。Linux 上的程式語言都來自開放原始碼專案，專案負責人很少有堅持向下相容的作為，同一程式語言的編譯器升級時經常任意修改語法規則，或在函數程式庫中刪除原有的函數。

Linux 的發行版本之間也存在嚴重的不相容現象。全球有幾百種 Linux 發行版本，這些發行版本會任意選用核心版本，也都會根據自己的需要開發應用軟體的打包格式、安裝工具。Linux 社區從來沒有統一制定應用軟體打包格式的規範，每一家發行版本都隨性地制定一種格式。

應用軟體開發者在一種 Linux 發行版本上撰寫好的程式，在另一種 Linux 發行版本上有可能無法正常運行。甚至有時候一種 Linux 發行版本身升級時，都會造成原來的應用程式無法正常運行。應用軟體開發者需要重新修改原始程式碼、編譯、打包、測試。這種重複性工作將對應用軟體開發者的寶貴時間造成浪費。

Linux 在最佳化方面也明顯乏力。Linux 社區缺乏像蘋果公司這樣高度重視最佳化使用者體驗的專業團隊，Linux 的桌面作業系統和應用軟體的介面設計相對落後。Linux 已經發展 30 年，在桌上型電腦市場佔據的市佔率僅為 1.29%，如圖 7.10 所示。Android 作業系統是 Google 公司自己把 Linux 的圖形介面推倒重來、完全重寫，才滿足了手機、平板電腦的體驗需求。

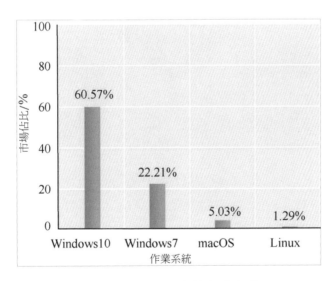

▲ 圖 7.10 2020 年 8 月全球作業系統市佔率（來源：Netmarketshare）

Linux 生態社區的 "碎片化" 已經積重難返，在生態培育初期沒有建立起良好 "基因"，現在再想解決相容、最佳化這兩方面的弊端也是有心無力。

第**5**節
生態的方向

1989 年高通正式對一些無線通訊企業進行 CDMA 技術許可,並利用各大巨頭爭奪 GSM 標準的時機,註冊掌握了大量 CDMA 技術專利。高通目前擁有的專利超過 13000 項,主要集中分佈在 3G 和 4G 的核心領域,其中大約 3900 項是 CDMA 的專利。"高通模式"的本質是賣"標準"。

——《從專利戰中了解高通和它的商業模式》,2019

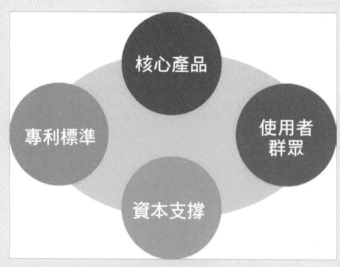

生態系統核心要素

生態的外沿：不止於解決方案

▍生態中的純技術因素正在越來越少

生態的 "外沿" 是指圍繞解決方案的其他方面的支撐力量。

這裡回顧一下生態的定義——生態是建立在一個 CPU 之上的所有資源和價值的整體，解決方案是生態的核心。除了解決方案之外，優秀的生態還會投入一些額外的工作，為解決方案 "增值"，為生態添光增彩。

- 標準規範。優秀生態的 3 個原則之一的 "相容" 主要是透過標準規範來約束的。標準規範的意義是制定不同產品之間的介面，任何一個產品只要滿足介面規範就能夠和其他產品配合工作。小到一個隨身碟的介面尺寸、網路資料通信協定，大到一種文件格式、一種程式語言，都有必要納入標準規範。標準規範是生態的律法書。

- 軟體社區。軟體社區集中了 CPU 之上的軟體資源，包括作業系統、應用程式介面（API）、應用軟體。軟體社區也可以作為開發者的協作平台，以及應用成果的傳播平台。

- 調配認證。企業可以對解決方案的成果發佈認證證書，作為向使用者推薦的依據。例如 x86 電腦上的 "Windows 相容" 標記就造成一種認證作用。

- 人才培養。人才是生態中主觀能動性最高的要素，生態人才包括開發者、使用者兩種類型。教育訓練可以提高開發者的水準，加強使用者對生態的了解和認知，反向促進生態發展。ARM 和很多大專院校合作建立嵌入式實驗室，向大專院校學生免費贊助 ARM 硬體平台，有力拉動了開發者向 ARM 生態的轉移。

- 書籍出版。書籍是生態中最重要的知識載體，是技術傳播的高效通路。書籍的內容權威性是網際網路站不能取代的，書籍的 "深層次閱讀" 是培養專業人才的必由之路。CPU 的 3 本經典著作帶領很多傳奇人物創造了不朽的產品，Windows 教學書籍讓學校成為全球最大的微軟培訓班。

生態的外沿延伸到資訊化社會的每一個角落，這樣的"泛生態"是技術、商業、行銷、管理的綜合交叉體。生態建設需要更多懂技術也懂經營的複合型人才，這也是本書用一整篇的篇幅說明 CPU 生態建設的意義。

CPU 廠商：不同的營利模式

▌ 一流企業要向"做標準"的方向努力

商界有一條名言流傳已久，套用在 CPU 上同樣適用：一流的企業做標準（對應到 CPU 是智慧財產權），二流的企業做品牌（對應到 CPU 是生態），三流的企業做產品（對應到 CPU 是晶片製造）。

一流的 CPU 企業是技術創新的領軍者，給產業定標準，以智慧財產權營利。企業在製造的產品中如果涉及已經註冊的專利，就得向智慧財產權的所有者交費。CPU 領軍企業會將指令集註冊專利，與指令集相關的 CPU 核心技術也會註冊專利，其他企業只要想進入這個生態圈，總會有一些繞不過去的智慧財產權。

高通（Qualcomm）公司是靠智慧財產權營利的典型企業。高通是 3G、4G 時代的"霸主"，其淨利潤的 53% 來自專利費。全球手機企業最辛苦，賺的都是血汗錢，手機出貨量越大，高通公司越能"躺著賺錢"。

ARM 公司也是靠智慧財產權營利的典範。ARM 公司自己不製造一塊晶片，只將指令集和公版 IP 電路圖授權給其他廠商，從中收取授權費用。授權費用包括兩部分，CPU 企業從 ARM 公司購買指令集的使用權要交一次費，CPU 企業每賣出一塊晶片也要向 ARM 公司交費。從 1991 年到 2020 年，ARM 晶片一共出貨 1600 億顆，如今每年出貨量仍然在增長。

二流的 CPU 企業掌握一方生態，抬高門檻、減少競爭者，佔有較高的市場百分比。Intel 公司在桌上型電腦、伺服器領域的 x86 百分比超過 90%，已經把昔日群雄挑落馬下，消費者唯一可買的只有 x86 晶片。這類廠商短時間內不必為生存問題擔憂，但是桌上型電腦、伺服器市場在多年間持續萎縮，直接導致晶片購買量減少。Intel 面臨的最大問題是如何拓展新市場。

三流的 CPU 企業只會製造晶片、銷售晶片。由於不具有獨門創新技術，市場進入條件低，因此競爭者環伺，利潤空間小，勉力維持的最好結果也就是能把成本做平。追隨 x86、ARM 生態的大多數晶片廠商都處於這一水準。

應用程式商店：生態成果陣地

市集的成功不是靠技術，而是靠一種新的商業模式改變人類使用手機的習慣

應用程式商店（App Store）是在一個計算裝置中整合的軟體工具，可以方便地進行應用的搜尋、下載和安裝。

2008 年蘋果公司第一次上線應用程式商店，可以視為行動計算生態成熟的標識。隨後 Android、Windows 也先後支援應用程式商店，智慧型手機廠商也會建立自己產品的應用程式商店。

應用程式商店的最大貢獻是極大地提高了應用的發行效率。在應用程式商店出現之前，應用的發行方式是磁碟、光碟，或在網際網路上分散的網站提供下載。無論是尋找應用還是安裝應用都需要大量時間和專業技術。

應用程式商店的另一個貢獻是使個人使用者可以管理應用程式。應用程式商店提供圖形介面，可以高效率地檢索應用程式，“一鍵安裝”“一鍵升級”的方式也使所有非技術使用者能夠隨心所欲地使用應用程式。應用程式商店提供的按讚、評論功能也使其帶有一定社交屬性，可以將消費者的使用體驗快速回饋給應用程式開發商。

應用程式商店是一個生態中的重要陣地。應用程式商店中上架應用的數量表現了生態繁榮程度，優秀的應用往往可以作為一個生態先佔市場的“殺手鐧”。應用程式商店的出現也改變了消費者購買裝置的選擇想法，很多使用者買手機首先看的是應用程式商店裡是否提供了自己需要的全部應用。

應用程式商店的擁有者可以採用對開發者取出"生態稅"的方式獲得利潤。例如在蘋果公司的應用程式商店中，有一部分是付費應用，消費者購買應用所支付的費用由蘋果公司與應用程式開發商按 3 ： 7 分配。2019 年蘋果公司全年收入 2600 多億美金，其中應用程式商店的收入竟然高達 500 億美金！

Deepen Your Mind

Deepen Your Mind